U0010858

3小時搞懂日常生活中的科學！【圖解版】

左卷健男 編著

陳嫻若 翻譯
徐桂珠 審訂

ⓐ ⓑ 自 序

各位讀者好。

本書是為下列三種人寫的書。

· 對理科（科學）不擅長但有興趣的人。
· 想了解生活中各種製品的構造！
· 想了解生活四周應該注意的事！

　　我們的生活受惠於科技，變得方便又舒適，但幾乎是在黑箱的狀態下使用它，它的內部是什麼樣子？架構如何？卻一無所知。

　　本書的編撰成員，都是《RikaTan（理科的探險）》理科雜誌的編輯委員，這份雜誌的宗旨是「看科學、懂科學、玩科學」，雜誌的企畫與編輯都在努力向世界展現：「理科（科學）真的很有趣！」

　　因此，這裡挑出５５個主題，試著將它們「盡可能解說得簡單易懂」和「讓讀者明瞭這裡面有著這樣的架構」。

　　雖然編撰者不只一位，但為了營造出統一感，所以初稿寫好後，大家會一起討論，也常常大幅度的改寫，讓本書看起來就像是「由一位可以簡單說明事物構造的人全部撰寫」的質感。

　　不擅長理科（科學）的讀者，是本書最關注的對象。

　　坦白說，黑箱化的事物構造，即使不知道也能活得好好的。很

多製品只要會用按鍵開／關就能使用。即使如此，我們還是認為「了解這些小知識，會有幫助、有用處，讓人深感還好早知道。」

如果各位看完本書，真的實現了我們這個心願，則不勝快慰。

最後，明日香出版社的田中裕也編輯代表所有不擅理科（科學）的人，對各編寫者的稿子不斷挑毛病，督促改善，並且辛苦的完成編輯作業，我要在此向他獻上感謝。

編著者　左卷健男

目錄 *contents*

第一章 「生活」中拾手可得的科學

第二章 「打掃・洗衣・烹調」中拾手可得的科學

第五章 「尖端技術、交通工具」中拾手可得的科學

第一章
「生活」中拾手可得的科學

01　沒有葉片的電風扇，如何製造出風呢？

新款的無葉片電風扇以時尚流線的造型而大受歡迎，但它卻沒有一般電風扇具備的「葉片」，令人感覺十分神奇。到底它的構造是怎麼樣的呢？

葉片在看不見的地方

「無葉片電風扇」的特色在於風從中空的洞中吹出來，但正確來說，這種電風扇並不是沒有葉片，而是「看不見葉片」。那麼，它的葉片在哪裡呢？其實，在機身的圓柱體部分裝了葉片。

風的流動原理是這樣的。這種電風扇的機身有許多小洞，首先從這裡吸入空氣，空氣在內部的馬達和葉片的運作下，輸送到上方。送到這裡的風，從圓環後方大約只有一釐米的細縫（稱為slit※1）中送出來。

這麼小的細縫，一般人很難發現，所以才會有風好像是從中空的洞裡製造出來的錯覺。

然而，僅一釐米的細縫應該送不出太大的風量吧，到底它是如何噴出源源不絕的風呢？

把周圍的空氣捲入後送出

我們可以用實驗來說明這個原理。

請準備一個大塑膠袋，袋口用手抓緊，只留個小口吹氣進去，想把大塑膠袋吹到鼓起來，不太容易吧。

※1：這個細縫如果太細，內部的空氣壓力會升得太高，無法順利送出空氣。但相反的，如果細縫達到4～5釐米的話，內部的空氣壓力又會太弱，失去風勢。所以它的寬度正好能讓適量的空氣快速噴出，可說是種絕妙的設計。

接著把袋口放開，猛地吹一口氣。此時塑膠袋立刻就鼓起來了。這是因為吹氣的同時也把周圍的空氣一起捲進去，所以塑膠袋才會馬上鼓起來。

猛地吐一口氣時會加速空氣的流動。這時氣壓比周圍低，於是，周圍的空氣便會被帶入那股氣流中。因為空氣是從壓力高的地方往低處流動。

沒有扇葉的電風扇也會發生同樣的狀況。它不只會噴出從機體傳送上來的空氣，那些空氣也會把周圍的空氣帶入，而且它的設計會帶入更大量的空氣。※2

我們來看看圓環的剖面（參照第10頁），它就像飛機的機翼，是流線型的。風就是從變厚的後側細縫向前方噴出。從細縫噴出的風，因為沿著內側的傾斜流動，因而速度增加。結果風流過的路線，氣壓比周圍低很多。※3於是，除了從機體噴出的風之外，又從圓環外側帶入大量空氣，因而藉著造成的較大氣壓而把風送出去。

戴森（Dyson）公司的產品，使用了「氣流倍增技術」（Air Multiplier™），噴射出的每秒空氣體積量會是從機體吸入空氣的十五倍※4。由此可知它正是利用氣壓差異，以小動力送出大量的風。

運用技術擴增產品陣容

戴森公司還在無葉片電風扇附加各式各樣的功能，增加產品的陣容，像是空氣清淨機、加熱器、加濕器等商品。

※2：帶入周圍的空氣又會產生增壓推送的效果，以致能將空氣快速推送出機體外。
※3：這現象稱為白努利原理。在流體動力學，白努利原理指出，無黏性的流體的速度增加時，流體的壓力將減少。
※4：風的倍數視機體的大小而定。

如同剛才說明，它可送出本體吸入空氣的15倍風量，就表示比起傳統的空氣清淨機，這種新的無葉片空氣清淨機在每秒能送出更多的濾淨空氣量，濾淨的速率會更快。

另外，使用同樣技術，也可以製造吹風機。手持部分內藏馬達、風扇、加熱器，從把手部分吸入空氣，再從頂部的細縫吹送出來。把手內藏馬達和風扇，所以風嘴輕巧，減輕了手的負擔。

今後，還會在利用這種技術製造出什麼樣的產品呢？且讓我們拭目以待。

小動力送出大風量的構造

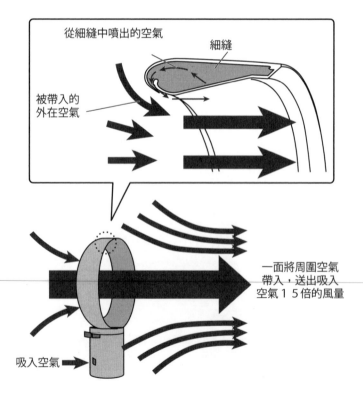

從細縫中噴出的空氣

細縫

被帶入的外在空氣

一面將周圍空氣帶入，送出吸入空氣１５倍的風量

吸入空氣

02　冷暖空調如何產生舒爽的空氣？

冷暖空調能在炎炎夏日吹送涼空氣，凜凜寒冬時送出暖空氣，成為我們生活中不可或缺的用品。但是，它是如何為我們製造溫度適宜的空氣呢？

熱能從溫度高處往低處移動

冷氣與暖氣確實讓我們的生活更加舒適，在說明空調的原理前，我們先來學學什麼是「熱」吧。※1

在東京，為了消解夏日的燠熱，曾經進行過一個社會實驗，叫作「灑水大作戰」。這個方法是配合傍晚的時間，在地面灑水，觀察它對熱島效應能產生什麼效果。※2

在地面灑水之後，過了幾十分鐘，水分就蒸發掉了，但是會產生些許沁涼的感覺。這是水在蒸發時，會吸收接觸面的熱能所產生的現象。這種「液體轉化成氣體時從周圍吸收熱能」叫做汽化（蒸發）

其次，讓我們回想一下，在玻璃杯裡裝進冷飲時的情景。高溫的夏天，玻璃杯的杯身會立刻出現水滴。這是因為冷卻的杯子從周圍的溫熱空氣吸收熱能，使空氣中的水分變成了液體。這種「氣體（水蒸氣）變成液體時放出的熱」叫做凝結熱。

冷暖空調的構造

利用機械產生這種「在液體

※1：「熱」是一種能量，又叫「熱量」，單位為焦耳。「溫度」是用數值表現冷熱的方式，單位為「度（℃＝攝氏）」。
※2：熱島效應是指從早上到日落以後，城市的氣溫都比周邊地區來得高，並容易產生霧氣。

轉化為氣體時吸收熱能，在氣體轉化成液體時放出熱能」的現象，傳送出冷或暖空氣，也就是空調了。

空調通常有一組室內機與室外機，兩台機器以細長的金屬管連接，管中不斷循環著「運送熱能」的冷媒。

冷媒所使用的物質在平常時是氣態，一旦冷卻後會立刻變成液態。

冷卻的液態冷媒，從悶熱的室內「吸收熱能」※3，為室內降溫（這便是冷氣）。另外加熱過的氣態冷媒，則在寒冷的室內「散放熱能」為室內加溫※4（這便是暖氣）。

冷暖空調的室內機與室外機都是熱交換器。當熱氣體經過熱交換器，周圍就會放出熱能，當通過冷液體時，就會從周圍吸收熱能。※5

室內機與室外機隔著壓縮機與膨脹閥，用管線相連。於是透過熱交換器讓空氣流動，將室內的熱能從室內機處帶出到室外機處，將熱能消散在室外。空調就是用這個方法讓氣體與液體來來去去，移動熱能。

空氣循環的原理

我們就以冷氣為例，來看看空調各部位的運轉方式吧。

室外機的稱為冷凝器，作用是將冷媒冷卻。首先，氣態冷媒先進入壓縮機裡，而氣態冷媒經過壓縮後氣體，溫度會上升，變成高溫的氣體被送到室外機。在室外機的熱交換器內，當高溫冷媒經過時，室外空氣比冷媒溫度低，高溫冷媒

※3：因冷媒在液體轉化為氣體時吸收熱能。
※4：因冷媒在氣體轉化成液體時放出熱能。
※5：比如以冷氣機而言，室內機的換熱器稱作蒸發器，室外機的則稱為冷凝器。

的熱能被冷空氣吸收而冷卻，變成液態冷媒。

室內機的換熱器稱作蒸發器，作用是將冷媒蒸發。液態的冷媒經由膨脹閥膨脹，再度冷卻，變成比室內空氣還冷的液態。這些冰冷的液體經過室內機的熱交換器時，又從室內的空氣吸取熱量而蒸發成氣態，放出涼爽的風。

如此，熱量藉著空氣在室內機被帶到室外機，此過程一直持續進行。也就是在這時，冰冷的冷媒在室內空氣的加溫下，變成氣態，氣態冷媒被壓縮機壓縮成為氣態。成為氣態後，冷媒又在壓縮機遭到壓縮，成為高溫氣體，運送到室外機去。於是，室內機將冷媒蒸發吸收室內熱量，熱量藉著空氣被帶到室外機，再將冷媒冷卻散出熱能於室外，如此一直進行將室內熱量帶出的過程。

把冷媒流動的方向反過來，就會成為暖氣。

節能家電中的要角「熱泵」

利用冷媒狀態的改變，從低溫處吸收熱量，釋放到溫度高的地方不斷循環。這種形態與從低處取水的泵浦十分相似，所以又叫做「熱泵」。熱泵最常見的設計包括四個主要部件──冷凝器、膨脹閥、蒸發器和壓縮機。

熱泵在壓縮或膨脹時會用到電力，才能使熱量由低溫處向高溫處移動。因此它可以實現高效率的熱能使用，但必須優化蒸汽壓縮製冷設備。

熱泵除了空調之外，也用在冰箱、洗衣機、地板暖氣或熱水器等節能家電上。

冷氣的狀況

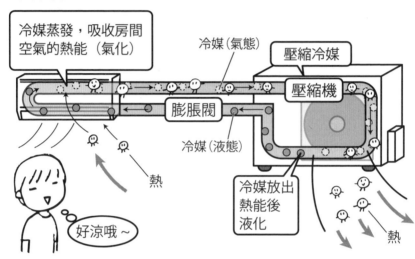

冷媒蒸發，吸收房間空氣的熱能（氣化）

冷媒（氣態）

壓縮冷媒

壓縮機

膨脹閥

冷媒（液態）

熱

好涼哦～

冷媒放出熱能後液化

熱

暖氣的狀況

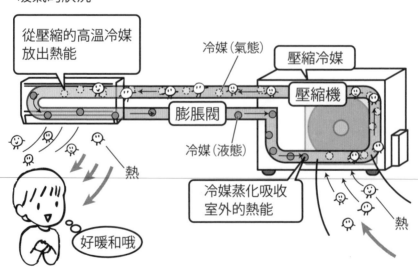

從壓縮的高溫冷媒放出熱能

冷媒（氣態）

壓縮冷媒

壓縮機

膨脹閥

冷媒（液態）

熱

好暖和哦

冷媒蒸化吸收室外的熱能

熱

03 紅外線暖桌發出的光爲什麼不是紅色的？

很多被爐暖桌都是靠紅外線加溫，用紅外線烤雞會變得更可口。各種磁石發出的紅外線或遠紅外線，對健康也有幫助。紅外線到底是怎麼運作的呢？

光與熱

打開電燈，立刻大放光明，白熾燈或燈泡不只會發亮，碰到時還會發熱。因為燈絲變熱才會發光。

另一方面，很多被爐暖桌打開，就會微微的發紅，但暖度比亮度更高。此外，炭火雖然亮度不高，卻非常適合烤肉。由此可知，我們日常生活中，經常隨意的運用發熱物體發出的光和熱，但加熱方式的不同，也會改變光和熱散發的方式。

一般來說，物體只要加溫，就會發出溫度相應的光。這種現象叫做「放射」。而所謂的「光」，不只是肉眼看得到的可見光，還包括無形的紅外線或紫外線。

光是電磁波的一種，具有波的特性。它的能量是由波長來決定，波長越長，能量越低，各種光當中，人類肉眼看得到的可見光，是指從波長約0.4微米的紫光，到約0.8微米的紅光之間的光線。※1

隨著紫光轉變為藍、綠、黃、紅，波長也變得更長，能量變得更低。紫外線的波長比

※1：「微米」是1公尺的100萬分之1。
※2：熱島效應是指從早上到日落以後，城市的氣溫都比周邊地區來得高，並容易產生霧氣。

紫光的波長更短，而紅外線的波長比紅光更長，所以眼睛無法看見。紅外線就是因為它在光譜「紅色光譜區域的外側」所以才取名為紅外線。

什麼是紅外線

紅外線有加熱物質的特性，所以又叫「熱線」。其實，我們身邊的物品，也都會發出相應於溫度的紅外線，當然，我們的身體也會發出紅外線。

紅外線具有容易被物體吸收的特質，被吸收的紅外線會轉變成熱能，溫暖物體。所以發出紅外線的物體會感到溫暖。此外，被物體吸收時，可加熱到幾百度左右，所以，可以穩定加熱，運用在烹調上。

為什麼用炭火烤雞特別好吃？

據說烤雞時，用炭火烤會比用瓦斯爐烤更好吃，這是什麼原因呢？瓦斯爐是燃燒都市瓦斯（甲烷）或液化石油氣加熱，但燃燒時會形成二氧化碳和水。火燃燒的時候，水是水蒸氣狀態，冷卻後就變成液體的水，所以烤雞會變得濕濕的。

但是，炭火是在炭變高溫後散發的紅外線來加熱，不帶有水分，雞肉表面立刻變得酥脆，內部的肉汁不易逸散，就能鎖住雞肉的美味。

瓦斯的火也能產生紅外線，但是炭火散發的紅外線的光量約是它的4倍。

遠紅外線是什麼？

「遠紅外線」是紅外線中波長4微米以上，波長比紅外線更長的光。

世面上有販賣號稱「遠紅外線」功效的礦物，號稱發出「相應其溫度」的波長的遠紅外線光，但遠紅外線礦物的效果與一般的石塊並無差別，要

取決於放射率。

被爐的燈為什麼是紅的？

以前的「紅外線光加熱器」主要是發出紅外線領域的光，因為一般紅外線是屬於眼睛看不到的可見光範圍外波段，伴隨著少部分紅色波段光一起發射出，所以光線非常暗紅，而且加熱需要時間，常常搞不清楚它到底啟動了沒有。

因此，廠商才在加熱器打開的同時亮起紅燈，讓人一目了然。這麼做也可以防止忘記關閉，具有極佳的安全作用，因此成了必備的設置。但這紅光終究只是額外加裝的紅色波段燈光，並不是紅外線波段產生的光哦。

04　遙控器如何傳送指示？

各位的家中應該都有幾支遙控器吧？它既無線又隔著相當的距離，
到底是怎麼發出指示呢？

電視的遙控器

我們先來看看家中電視的遙控器吧。遙控器朝著電視的方向有個暗色透明的遮罩，裡面有ＬＥＤ燈，電視的部分應該也有黑色透明的部分。遙控器與電視之間若是有物體或人體擋住的話，遙控器就會失效。

因為肉眼雖然看不到，但是遙控器的ＬＥＤ的部分會發出「光線」（即眼睛看不見的紅外光）。

另外，在看不到電視的地方按遙控器，不會有任何反應，但不妨對著鏡子按按看，透過反射，電視應該會有反應。從

紅外線透過鏡面反射，啟動電視。

鏡

這一點證明了遙控器會發出眼睛看不見的光線。

光有很多種

為什麼我們看不到遙控器發出的光（電磁波）呢？因為光（電磁波）有很多種類，我們肉眼看得到的光，叫做「可見光」，看不到的光叫做「不可見光」。

可見光從紫色到紅色，波長比紫色短的不可見光稱為「紫外線」，波長比紅色更長的不可見光，稱為「紅外線」。

電視遙控器的光是紅外線，紅外線是人眼看不見的光，但可以經由鏡子反射來傳達命令。

命令的構造

遙控器的命令是以「閃爍的組合」來傳送。這種閃爍會轉變成數位訊號，將「哪種機器的」「什麼」「怎麼做」的命

電視遙控器的構造

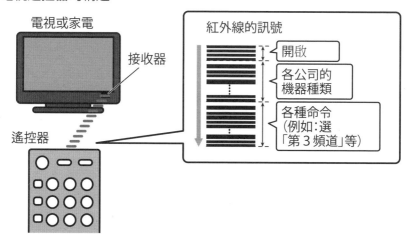

電視或家電

接收器

遙控器

紅外線的訊號

開啟

各公司的機器種類

各種命令（例如：選「第3頻道」等）

令傳送出去，就像是光線版的摩斯密碼一樣。※1

電波式的遙控器

最近，越來越多人擁有車子的引擎發動器，很多還附加天線，它雖然也是遙控器，但似乎並不是用紅外線，而是另一形式的電波。

這種機器使用電波傳送命令，有些還會回傳「引擎已順利啟動」的訊息到遙控器上。

電波式的遙控器可以傳送命令到無法直接目視的地方，而且也能進行雙向的訊息應答。

紅外線遙控器傳送訊息較費時，所以，命令的內容也有限制。但是電波式的遙控器可以高速傳達命令，因此也能傳送複雜的命令。

另外，rimokon這個字是日式英文。遙控器的正式英文是remote controller，簡稱remote，意思是「控制遠處事物」的意思。

過去遙控器大多只是單純的指令，像是「開、關」或是「大、小」等，但隨著機器的發達，越來越能做多樣化的控制。控制遠處事物的意義也越漸複雜。

※1：訊號雖然由幾家公司主導，有一定的規格，但是並沒有ＪＩＳ等的統一規格。之所以未產生混亂，是因為遙控器製造商並不多的關係。

05 電插座的插孔為什麼左右不一樣大？

你曾經仔細看過插座的插孔嗎？認真一瞧會發現左右的插孔不一樣長，這與考量漏電、觸電、接地有關係。

什麼是漏電與觸電？

電流從電線內洩漏出來稱為漏電。當電源漏電到人體時，人體成為電流通路的一部分，電流經過體內流到地面，這就是觸電。

屋內的電線和電子器具，都會維持絕緣狀態，使電流不致外洩。但是，長期使用後電線或插頭等出現裂縫，或者沾到水，就容易產生漏電的現象。

萬一發生漏電，大電流流過電線會出現發熱、火花，很容易發生火災。此外，漏電也是觸電意外的原因。

浴洗類的電器，像是洗衣機容易因漏電而發生觸電意外，所以必須接地※1，讓洩漏出的電流有管道能排到地面。

一般家庭的配電，電壓是110伏特，流到人體的電流小，不太可能會有性命之危。

但是，如果是浴洗器具，人的身體潮濕時易導電（對電流的抗阻小），電流很容易通過人的身體造成觸電。

據說如果有100～300毫安培通過人體，造成心跳不規律，幾分鐘後就會死亡。因此

※1：接地是電器把電流排到地面的安全裝置。

電流的大小與對人體的影響

1mA

麻麻的感覺

5mA

相當痛

10mA

難以忍受的刺痛

20mA

肌肉劇烈僵硬,
呼吸困難,
如果持續觸電將會死亡

50mA

即使時間短暫,
也會危及生命

100mA

引發致命性傷害

浴洗類電器一定要接地。

　電器沒有接地的話,一旦漏電,人體接觸到洩漏出的電流時,電流就會流經過人體造成觸電。

　電流有接地的話,會透過電流容易流經(易導電)的接地線流到地面,而不會進入人體,就能保持安全。

插座插孔大小不同的原因

　雙孔的插座,較長的插孔是接地端(連接地面),所以用長短來作為接地端的區別。

　插座的兩根電線各自獨立,長插孔連接中性線(接地

接地的話，即使漏電也安全

電流的
逸散管道

端），短插孔連接火線（電壓側）。如果觸電，應該是碰到電壓側的關係。

家庭中電壓110伏特的電壓供應，是從兩條電線經過電度錶和斷路器傳送到各個插座。電壓是兩個點的電位差※2，但地面的電位是0。

當手接觸到中性線孔時，腳（接地端）和手（身體端）都是0伏特，電流沒有流過，所以沒有感覺。

但是，碰觸到電壓孔時，手（身體端）為110伏特電，腳（接地端）為0伏特，身體端和接地端有電壓差，形成了插座→人體→大地→接地線→變壓器→插座的完整迴路，電流的流動就是因為兩端有電壓的差別，所以電流就會流過人體。

※2：電壓是促使電荷流過的力量，藉由電壓而流過的電量，稱爲電流。電荷會從正極流到負極，兩極電壓的差別它的差距叫做「電位差」。電位差（電位的高低值差異）的多少，決定了電壓的值。

碰到電壓側會觸電

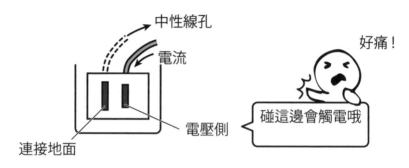

即使沒有直接碰觸電壓側，如果電壓側有連接金屬部分，碰觸到該金屬部分，電流也同樣會流過。

如果事先用導線將該金屬部分接地的話，幾乎所有的電流都會流向該處，所以人體碰觸時，電流幾乎等於0，不會觸電也不會有任何感覺。

接地的安裝方法

為了防止漏電或觸電，像冰箱、微波爐、洗衣機、免治馬桶座等接水的家電製品、在潮濕場所的家電，或者電壓高的器具等，一定要安裝接地線。

方法很簡單。如果插座有接地端子的話，只要接上它就行了。但是如果沒有接地端子，就必須施作接地工程。依照法律規定，只有持有水電技師執照的人才能施作。

要注意的是，瓦斯管絕對不能連接接地線，以免有引火、爆炸的危險。

06 碳鋅電池與鹼性電池有什麼不同

說到乾電池，從前一般都是指碳鋅電池，但現在則是以鹼性電池為主流。兩種電池究竟有什麼不同呢？

碳鋅電池不用的時候恢復力強

碳鋅電池的特色是價格便宜，可以長期驅動只需要電量少的機器。如果只是斷斷續續使用少量電力，用用停停、用用停停的話，就可以維持長久。

這是因為碳鋅電池是一種利用化學反應（氧化還原反應）來造成電壓差的電池，它在不使用（休息）的時候，內部化學物質恢復原先分子鍵結狀態的能力很強的關係。鹼性電池也會恢復電力，但是不及碳鋅電池。

像是每一秒動一次的時鐘，只有按鍵時才會發出紅外線的遙控器等都很適合。這種機器大多都會指定使用碳鋅電池。

長期持續強電力的鹼性電池

鹼性電池的特色是比碳鋅電池容量大，所能輸出的電流比碳鋅電池大，且較穩定，因此，多用在驅動馬達的機器、需要穩定電力的電子器材。現在，幾乎所有使用乾電池的機器，都指定使用鹼性電池。

碳鋅電池持續使用電力時，由於極化和內阻造成效率降低，隨輸出電流的增加，輸出電壓會下降，因此，如果放進建議使用鹼性電池的機器，過度持續使用電力時，很快就會沒電了。※1

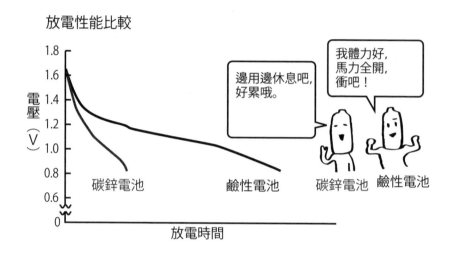

放電性能比較

電壓（V）

1.8
1.6
1.4
1.2
1.0
0.8
0.6
0

放電時間

碳鋅電池

鹼性電池

邊用邊休息吧，好累哦。

我體力好，馬力全開，衝吧！

碳鋅電池   鹼性電池

由於鹼性電池電力強，又持久，所以碳鋅電池的使用機會漸漸減少。也許年輕人當中，已有人不知道碳鋅電池是什麼了。

鹼性電池的缺點是漏液

你有沒有遇過電池裝了一段時間，滲出液體，導致機器壞掉的狀況呢？這種現象叫做漏液。

鹼性電池中裝有液體，是一種名為氫氧化鉀※2的水溶液作為電解液，它屬於強鹼性。用手碰觸即會受傷，若是接觸到眼睛，也有失明的危險。所以，不知不覺間漏出液體的話，便會導致機器的端子或電路受損，無法運作。

漏液的原因有好幾個，像

※1：鹼性電池的電力是碳鋅電池的2～3倍，價格的差異也成正比。

※2：氫氧化鉀除了乾電池之外，也用來作為業務用管道洗淨劑等。

是電池方向放倒了，過度放電※3，此外，超過耐用年限還在繼續使用，都容易發生漏液的情形。

以前，碳鋅電池也經常發生漏液，不過，現在碳鋅電池把內部的液體作成膏狀，因此幾乎不用擔心漏液的問題。所以，若機器有過度放電讓外殼或環境劣化導致漏液之虞的話，使用非液態的碳鋅電池較為有利。

容易引發過度放電的機器

那麼，什麼樣的機器容易引起過度放電呢？答案是長時間不取出電池的機器。

像是遙控器或掛鐘用電量極少，因此，如果裝入鹼性電池的話，可能好幾年都不需要更換，有時在這段期間，過了

電池的耐用年限，就會出現漏液的結果。尤其是廉價的鹼性電池耐用年限短，所以必須特別小心。

另一方面，碳鋅電池大半以上還未到耐用年限就已用到沒電，所以與鹼性電池相比，雖然耐久性差，以避免漏液現象來說，碳鋅電池在安全上卻比較可靠。

電池沒電卻忘了更換也會導致過度放電。由於電池不用也會自己放電（電力自然衰減），所以，放在緊急用具中的手電筒或收音機，如果一直裝著電池也有一定危險，有可能在緊急需要使用時漏液。這種機器最好不要放入電池，保存時不拆包裝會比較好。

乾電池屬於不可燃垃圾？

※3：過度放電是指在低於放電最低需求終止電壓（約1伏特）的狀態下（非正常狀態）內部材料自然放電。即使電池沒電了，如果沒有換掉，會繼續流出極微量的電流。此時，電池內部會產生氫氣。氫氣到達一定的量以上，安全閥會啟動，將氫氣釋放到外面。此時，內部的電解液也會一併流出。

各種各樣的電池

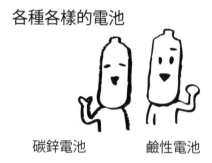

碳鋅電池　　　　鹼性電池

丟棄時要
小心哦！

鈕扣電池　　充電池

　　日本各地縣政府對乾電池的處理不盡相同，區分成不可燃垃圾、資源垃圾或有害垃圾。請各位依照規定妥善處理。※4

　　社團法人電池工業會呼籲，不論是碳鋅電池還是鹼性電池，都應作為「不可燃垃圾」來處理。因為即使埋在垃圾處理場，也不會引發土壤汙染等問題。※5

　　但是丟棄時，為了防止電在垃圾中流動，引發火災，所以應在端子上用膠帶封住。

　　另一方面，充電池或鈕扣電池有些不能當作不可燃垃圾，因為這些電池所使用的成分，含有水銀或鎘等汙染土壤的物質，必須查明您家所屬政府的分類方式後再丟棄。

※4：台灣也有法規規範廢乾電池回收貯存清除處理方法。
※5：因擔心水銀對環境有不良影響，所以碳鋅電池和鹼性電池分別在一九九一年和一九九二年開始不再使用水銀（兩者皆爲日本國內）。

07　人類發出的熱量等同於一個電燈泡

門窗緊閉的房間裡，如果擠進很多人，房間會變得暖和。不妨想想看，如果我們以電燈泡為例，會發出幾個電燈泡的熱量呢？

人體需要的能量有多少？

人類從食物中獲得活著需要的能量。一般人從嘴裡吃進食物，消費能量，就會將熱能釋放到體外。

所以我們就以「基礎代謝」為根據，來作為計算能量消耗的標準。

基礎代謝是指，人體在安靜狀態下，維持生命最低需要的能量。具體來說，就只表示心跳、呼吸、保持體溫等維持生命所需的能量。

每日的基礎代謝量因個人的年齡、性別、體重而有所差別。日本成年男性（60公斤）約為1500大卡，成年女性（50公斤）約為1200大卡。

也就是說，光是維持生命，人體就需要攝取這麼多熱量的食物。

當然，我們在日常生活中進行的各種動作，需要的能量更多。

能量的單位與功率

另外，國際間使用的能量單位是「焦耳（J）」，但是在計算食物或代謝熱量時，現在也都使用「卡路里（cal）」（簡稱卡）這個單位。

1千卡（又稱為大卡）定義為「使1公斤的水溫度上升1℃所需要的熱量」，而卡與焦耳的關係，則是「1卡等於4.2焦耳」，而「1焦耳相當於0.24

卡」。

本單元思考的是「人體相當於幾瓦特的燈泡」，這種能量轉換或使用的速率稱為功率，功率的單位為瓦特，所以我們必須先來談談瓦特這個單位。

瓦特（W）是功率的單位，指的是1秒鐘能使用多少焦耳的能量。

每秒1焦耳（J）的功率為1瓦特。

以焦耳單位的工作或能量除以秒的話，就能求得功率（即瓦特）。

瓦特也會用在家電製品上，想買螢光燈或電視機時，你會先看看它是幾瓦特的吧。

將消耗的能量換算成電力

電的功率稱為電力。如果將人體的消耗熱量換算成電力的話，就可以算出人消耗的能量相當於幾瓦特的家電製品。

以成年男性為例，每天1500千卡的基礎代謝量，換算成焦耳就是6300千焦。

將6300千焦用1天（86400秒）來除的話，等於每秒72焦耳，即72瓦特。

家庭中一般使用的白熱燈泡為60瓦特，所以人類維持生命需要比點亮一顆燈泡多一點的能量。

若是就平日生活（上下班、購物、家事等生活模式）來說，需要的能量約為基礎代謝量的1.75倍，所以大概是126瓦。也就是說，人體是靠著兩顆60瓦燈泡的能量在活動。

但是，從食物中得到的所有能量，並非都能變成人體發出的熱量。

人體會發出多少熱量？

接著來思考一下相對於攝取熱量的能量效率吧。

從食物中得到的能量中，

約有百分之二十五，用於體內的各種功能。剩下的百分之七十五會變成熱能散發掉。這種能量效率，與汽油引擎幾乎差不多。

這些熱能會從身體表面釋放，或是隨著糞尿一起排出體外。同時，也有溫暖身體，保持體溫的功能。

因此，人的體溫大都維持在37加減1℃的範圍，一般都維持在恆定狀態。

若以消耗126瓦能量的成年男性來說，百分之七十五約為94瓦，也就是說這些熱都會從身體釋放出去。

既然人體中94瓦的熱都會從身體散發出去，從結論來說，每個人會散發接近100瓦燈泡的熱量，如果從事跑步或游泳等激烈運動時，散發的熱量就會達到數倍以上。

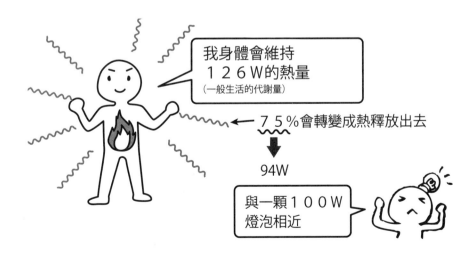

08 LED照明的電費會是螢光燈的一半？

我們身邊充斥著許多ＬＥＤ，家中的照明、交通號誌、電子告示板、照亮手機或筆記型電腦液晶螢幕的背光等。現在就來看看它的構造吧。

什麼是ＬＥＤ？

ＬＥＤ（Light Emitting Diode）別名「發光二極體」，意思是電流只有在單一方向通電（電流往固定方向流動時）才會發光。

一九六二年，最先開發出紅色的ＬＥＤ，開發之初發光的能力很低，現在已開發出能發出高光度的二極體。用於交通號誌、農、漁業用光源、手電筒、家庭及工廠照名等，用途大幅擴展。紅綠燈與電子告示板也比從前看起來更鮮明。

ＬＥＤ是將電直接轉變為光，因為電轉變為光的轉換率高，所以效率比白熾燈泡或螢光燈更好，壽命更長。ＬＥＤ在運用於ＬＥＤ照明前就已有人使用在其他用途，如ＣＤ、ＤＶＤ、ＢＤ（藍光碟）等都多虧了ＬＥＤ才有機會製成商品。※1

後來ＬＥＤ之所以在ＬＥＤ照明上大放異彩，全是因為技術革新，發光亮度提升，且藍光、白光ＬＥＤ價格降低，各種ＬＥＤ色光備齊可以重現自然光的關係。

※1：ＬＥＤ用於ＣＤ、ＤＶＤ、ＢＤ記錄播放，是使用光碟機中的半導體雷射為讀取和寫入光源。ＣＤ、ＤＶＤ光碟機的基板材料用的是鎵，ＢＤ機則是氮化鎵。

LED燈泡的構造與光的投射方法

　　LED的發光構造與電燈泡（白熾燈泡）迥然不同。

　　電燈泡是讓金屬細線組成的燈絲發熱後發光，但是LED的發光卻是利用半導體材料上增加電壓，讓材料中的電子呈現高能量狀態（激發態），等到它回到低能量狀態（基態）時產生的發光動作。

　　圖1為LED燈泡的構造。LED晶片發出的光以透鏡聚焦或擴散（以不同透鏡設計來調整光的集散程度），使整個燈泡明亮起來。

　　另外，LED燈泡與白熾燈泡的投射角度也不相同。如下頁圖2顯示，LED燈泡投射光的方向較集中，其燈泡正面明亮，但是側面和背面卻較昏暗。

藍光LED的發明實現了白光的誕生

　　LED會放出單一波長的光（單色光）。發出白光需要的藍、綠、紅三種LED（三

圖1 LED燈泡的結構

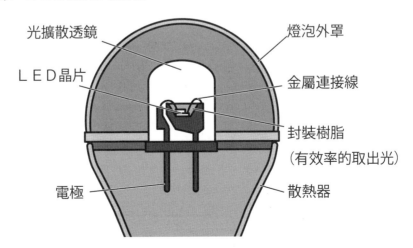

光擴散透鏡

LED晶片

電極

燈泡外罩

金屬連接線

封裝樹脂
（有效率的取出光）

散熱器

圖2 白熾燈泡與ＬＥＤ燈泡光線投射方向的不同

白熾燈泡的狀況　　　　　ＬＥＤ燈泡的狀況

原色混色成白光），過去紅綠ＬＥＤ製作技術皆成熟，卻缺穩定的藍光ＬＥＤ製造技術，因此藍光ＬＥＤ的發明，使得白光有機會實現。

調成白光的ＬＥＤ混色技術，最普及的是在藍光ＬＥＤ外塗上黃色螢光材料（在色光中，藍色和黃色互為補色，可混出白光）。亦即產生白光的作法是在藍色ＬＥＤ晶片上，塗上了黃色的螢光材料，藍光遇到黃色的螢光體後，藍光會被螢光體吸收後放出黃光，再讓這個黃光與藍光ＬＥＤ的藍光重疊，混出白色。

二○一四年，赤崎勇、天町浩、中村修二等三位學者藉「發明高亮度藍色發光二極體，帶來節能明亮的白色光源」獲得諾貝爾物理學獎。

一九八九年，發明了全世界最早的藍色ＬＥＤ，一九九三年，它變得明亮和實用化。距離紅色ＬＥＤ的發明，經過了三十年。最大的原

因是，很難安定製作出純淨的氮化鎵結晶，而它正是藍色二極體的來源。

LED的壽命是螢光燈的4倍

LED的壽命約為4萬小時※2，與電燈泡（約3千小時）和螢光燈（6千～1萬2千小時）的壽命相比，遙遙領先，因而成為它最大的特色。這也是它經常被用於不方便更換的照明、交通號誌的原因。

另外，從電力轉變為可見光線的效率，電燈泡、螢光燈和LED分別是10％、20％、30～50％，高效率也是它的優點之一。

此外，因為從電力轉變為可見光線的效率高，也就是耗電量低而省電，LED電燈的電費是螢光燈的一半以下，如果家家戶戶都使用LED燈泡的話，平均一年可省下1萬8千日圓以上的電費。

LED有壽命長、更換方便、消耗電力少、耐衝擊、一開就亮等的優點，缺點則是價格高、不耐熱、重量重、光線放射無法均一。

LED照明的對手，有機EL照明的出現

比起LED，有機EL的照明方向較均勻，而且發光質感接近自然光，因此像房間照明等大範圍照明的用途上，具有各式各樣的潛能。被視為接續LED照明的次世代照明。

※2：LED的亮度會漸漸衰弱，所以訂定它的「壽命」到降至初期亮度的７０％。

09　CD、DVD、BD是如何記錄聲音與影像？

CD、DVD、BD ※1因可保存、播放音樂、照片和視頻，因而廣泛的為家庭使用。它是用什麼樣的構造來記錄、播放影音呢？

類比錄音與數位錄音

　　聲音與影像是如何記錄的呢？這裡我們用聲音的例子來探討一下吧。

　　在CD普及之前，音樂錄音的方式是類比錄音※2，其中代表就是黑膠唱片和錄音帶。

　　聲音是空氣的振動，所以利用塑膠的凹凸、磁性體表面磁力的強弱，就可以在物體上直接將聲音大小依比例，振動記錄成形狀。播放時，利用唱針或磁頭描摹記錄面，就能讀取聲音的波型。

　　由於這個方法是用直接接觸來讀取記錄面，剛開始時可以放出接近原音的聲音，但是反覆多次之後，會磨損原有的波形，以致無法播放出聲音。

　　相對的，數位錄音是將連續聲音劃分成固定時間間格，在這些固定時間間格時，用0～10進位法讀取聲音大小值，接著再將十進位方式轉換成二進位方式，記錄它的二進位數值。（圖1）

　　只要了解二進位是0和1的差別，播放的聲音就能永遠保持錄音時的品質。

　　只是每隔一定周期切割的

※1：CD的簡稱是「Compact Disk」，DVD的簡稱是「Digital Versatile Disk」，而BD（藍光光碟）則是「Blu-ray Disk」。
※2：類比錄音是以聲音頻率與音量的高低，依比例轉換成電波強弱以記錄下來。

圖1 數位錄音

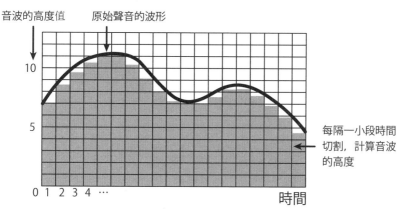

第一個聲音高度→數值讀取為「7.0」→近似值化:十進位「7」→二進位化「0111」
第二個聲音高度→數值讀取為「8.5」→近似值化:十進位「9」→二進位化「1001」
第三個聲音高度→數值讀取為「9.8」→近似值化:十進位「10」→二進位化「1010」
第四個聲音高度→數值讀取為「10.6」→近似值化:十進位「11」→二進位化「1011」

從第一到第四個聲音,轉換成二進化的話,便是「0101100110101011」

方法太粗糙的話,與原音的差距（失真率）就會變大,這個周期稱為取樣頻率（比如每秒五次）※3,讀取波形的周期盡可能縮短,就能忠實的原音重現。

然而,如果劃分的時間太短,數據量會非常龐大,因此要在兩者之間折衷,採取適當數據量的頻率。

以CD來說,取樣頻率為44.1千赫（kHz）,這表示將聲

※3：指的是將類比訊號轉為數位訊號時每單位時間的取樣次數。

音每秒劃分成4萬4千次，讀取波的數值。這個頻率幾乎能忠實重現人耳所能聽到的所有音域。此外，數據量也不至於太多，可以完全納入ＣＤ的容量裡。

ＣＤ、ＤＶＤ、ＢＤ的構造與不同

將數位化的資訊記錄在盤面的製品，叫做ＣＤ（光碟）。一張ＣＤ至少有三層，表面是可印刷文字標籤的保護層，底層是透明層，中間的鋁金屬層夾在兩者中間。

透明層有很多孔洞，叫做溝（pit），有溝（用光打入來判讀時就記錄為0）和沒有溝（用光打入來判讀時就記錄為1）會被視別為數據資訊的0和1。（圖2）

播放時，將光從透明層打入，再讀取從鋁金屬層反射的光。有溝與無溝處的反射方式不同（亦即用打光來判讀），所以，便可區分0與1。

用來讀取的光源，通常用在ＣＤ會使用波長780奈米的紅外線，ＤＶＤ會使用650奈米的

圖2　ＣＤ的構造

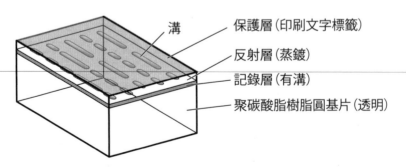

溝

保護層（印刷文字標籤）
反射層（蒸鍍）
記錄層（有溝）
聚碳酸脂樹脂圓基片（透明）

紅光，ＢＤ則使用405奈米的藍紫光。※4

光的波長越短，能將光集中成越小的點，所以越能記錄高密度的資料。所以圓盤尺寸雖然相同，但ＢＤ的容量卻是前兩種光碟的數十倍，就是這個原因。（圖3）

可以永久保存嗎？

ＣＤ發行的1980年代，據說可以保存100年以上，因為當時認為，播放時讀取資訊不用直接接觸，所以可以永久保存。

然而，後來意外的發現光碟壽命非常短。有些光碟幾年後就失效了。這是因為鋁金屬氧化，出現細孔而劣化而引起。

此外，藍光光碟的透明層很薄，即使放進保存用的不織布ＣＤ棉套中，凹凸也會使記錄層變形，最後導致無法播放。

圖3　同樣尺度下, 三種光碟的溝大小

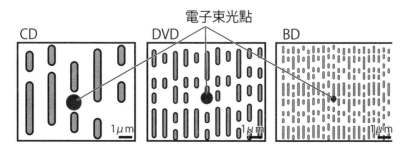

※4：「1奈米」等於百萬分之1釐米。

10 液晶電視如何映出影像？

日本的真空管電視在第一次東京奧運之後迅速普及，但如今，薄型的液晶電視已完全取代。彩色液晶電視的內部構造是什麼樣的呢？

什麼是液晶

液晶是同時具有液體流動性和固體分子位置固定性質的物質※1。加熱或電壓，分子的排列就會改變，透光性、反射、亂射的狀態也會變化。利用這個特性，開發出顯示數字、文字、圖像等的顯示器。

液晶本身並不會發光，然而由於體積可變薄，耗費電力也少，所以最早製造黑白的電子計算機、電子鐘等商品，之後也開發出彩色。

色的三原色

如果靠近液晶電視的畫面仔細看的話，會發現有很多小點整齊排列，就如同棋盤的格子。電視的螢幕就是變化這些小點（像素）的顏色和亮度形成的。

人眼可以辨識各種彩色，是因為眼睛網膜上，有對應紅、綠、藍光的感知器，對應這三色的光，感受特別強，偏移這三種波長的光感受較弱。

光的訊息進入這些感知器後，會傳達到大腦進行處理，辨識顏色。

關於顏色的混合，在顏料

※1：液晶是一種黏稠的狀態，既不像固體一樣結實凝固，也不像液體快速流動，不過它可以像固體凝結成固定的形狀，也像液體一樣變化形狀。因為處在結晶與液體的中間狀態，所以取名為「液晶」。

與在色光所採用的模型並不同，在色光加色模型中，紅、綠、藍三色稱為「光的三原色」，因為它們無法再被分解，也不能由其他色光混合出來。將這三色光適量混合就會變成白色，顏料三原色的混色卻是變成黑色。將這些光組合搭配，就能製造出各種各樣的顏色。例如，紅光和綠光混合，會變【Y：黃色】，綠光與藍光混合，變成【C：清澈的藍綠色】，藍光與紅光混合，會變【M：紫】。

用高倍數的放大鏡放大液晶螢幕，可以看到紅、綠、藍的小窗井井有條的排列。總之，紅、綠、藍的小窗就是光的三原色。電視螢幕就是依調節這些像素的明度和紅、綠、藍的組合，製造出各種顏色。

液晶電視的基本構造

液晶螢幕的中心部分是由「偏光片＋（玻璃基板＋透明電極＋液晶＋透明電極＋玻璃基板）＋彩色濾光片＋偏光片」等八層組合起來的。

主體是長條形分子的液晶，兩片玻璃基板是保護液

光的三原色

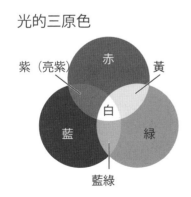

液晶螢幕的擴大圖

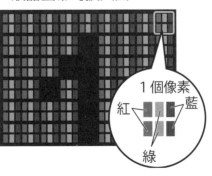

晶，透明電極用來加電壓控制液晶分子的排列方向，所以有時也用整合（玻璃基板＋透明電極＋液晶＋透明電極＋玻璃基板）製成液晶，這種狀況下，組合就只有4層。

液晶映出影像的原理

從光源射出的光是一種電磁波，其電場會向四面八方振動，而「偏光片」是一種濾光片，能讓只對某特定電場方向振動的光通過。通過偏光片的光，因為電場振動面偏向某特定方向，所以叫做「偏光」。

當沒有在液晶中加入電壓時，液晶分子呈扭曲狀態排列，打開電源，背光亮起時，液晶分子仍然在扭曲狀態，所以通過背光附近偏光片的光電場，會因為液晶而旋轉，在接近表面處穿過垂直方向放置的偏光片。

在液晶加入電壓時，液晶分子的旋轉消失，通過液晶的光也不再旋轉，直線通過，無法穿過接近表面處垂直方向放置的偏光片。

液晶電視的特徵

液晶電視的不利之處在於液晶本身並不發光，所以必須常時開啟背光板（光從液晶板背面照入）。以前使用冷陰極管（簡言之就是類似螢光燈的材料）作為背光，但現在改成白色ＬＥＤ（發光二極體），更加節能且長壽。

此外，由於液晶螢幕是利用液晶旋轉恢復原狀，來控制光的通過與不通過，所以動作速度會延遲，快速動態畫面容易產生殘影（但是這一點大多都已改善）。

由於結構上，受限於材料本身造成的視角問題，必須從正面才能看得清楚，在視野角度上有其缺點，不過從另一個

角度看，這個特色可防止側面
偷看，也算是它的好處吧。

液晶顯示器的基本構造（以綠色為例）

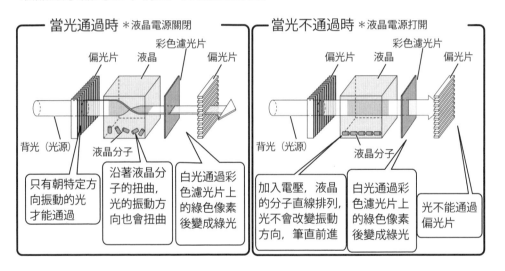

當光通過時 ＊液晶電源關閉

- 偏光片
- 液晶
- 彩色濾光片
- 偏光片
- 背光（光源）
- 液晶分子

只有朝特定方向振動的光才能通過

沿著液晶分子的扭曲，光的振動方向也會扭曲

白光通過彩色濾光片上的綠色像素後變成綠光

當光不通過時 ＊液晶電源打開

- 偏光片
- 液晶
- 彩色濾光片
- 偏光片
- 背光（光源）
- 液晶分子

加入電壓，液晶的分子直線排列，光不會改變振動方向，筆直前進

白光通過彩色濾光片上的綠色像素後變成綠光

光不能通過偏光片

11 4K電視能提供多好的畫質？

最近經常聽得到「４Ｋ電視」這個名詞，甚至已有人在討論「８Ｋ已經不遠」。究竟４Ｋ電視與數位電視或以前的類比電視有什麼不同呢？

陸續出現的新規格

我們周遭的視聽環境，出現了大幅的變化，類比電視、ＶＨＳ錄影機退下舞台，數位電視逐漸普及，影像品質也從ＤＶＤ轉變成藍光，然後是4Ｋ。

家電賣場的顯示器上貼了2Ｋ、4Ｋ的標籤，播放著足以匹敵電影院的高解析度影像※1。這些規格到底有什麼差異？此外在購買時又該注意哪些地方呢？

電視的影像規格

數位影像是由許多彩色的點集合形成的，這一個個點叫做「像素（pixel）」。因此，用像素的數量來表現影像的寬與高所呈現的影像解析度（越大表示影像解析度越高），就稱為「像素尺寸」。

普及多年的類比電視畫質並不好，日本的類比電視影像，若是換算成數位影像的話，為720×480（像素，以下略）。一般ＤＶＤ也直接採用這個像素尺寸。

相對的，現在數位播放（高畫質）的像素尺寸是1280

※1：電影院中上映的３５釐米影片畫質，換算成數位像素的話，水平約為２０００像素。

×720（衛星傳輸數位）～1440×1080（地面傳輸數位）。部分衛星傳輸數位和藍光（Blu-ray）播放器收錄的全高清像素（為一種螢幕規格，Full HD, High Definition）尺寸是1920×1080。這也是據稱目前主力「Full HD」畫質。水平像素約為2000，所以又叫做2K。※2

將2K畫質進一步提升，就是4K。像素尺寸為3840×2160。一幀畫面包含的資訊量，4K是類比電視時代的24倍，8K的話則接近100倍。

表示平滑度的影格率

1秒顯示幾幀畫面（一秒切換幾次畫面），稱為影格率（畫面播放速率，frame rate）。從類比電視到4K都是60幀。也就是每秒會顯示60幀的畫面。

但是，類比時代，很難一次傳送大量訊息，所以，將畫面分成橫條狀，奇數行與偶數行交互傳送。這種方式叫做「隔行掃描」。

另一種顯示完整畫面像素的方式叫做「逐行掃描」。現在，它應用在家庭用的攝錄影機全高清60幀逐行掃描視頻（又叫做1080p），可以拍攝非常平滑且高畫質的視頻。

家庭的電視或藍光播放器會切換顯示這種種規格的影像。不只是影像、聲音的記錄方式，在電腦、數位相機、攝錄影機、藍光光碟上都略有不同，因而成為拍好的影片不能看，聲音聽不到等問題的原因。在購買、連接之前最好先看看說明書。

※2：「2K」或「4K」的「K」是表示1000的用語，各代表「2000」和「4000」的意思。

極高畫質的４Ｋ和８Ｋ

　　至於現在正在開發中的8K像素尺寸是7680×4320，影格率是120。因而有人說，4K和8K的畫質太高，家裡的顯示器恐怕已經分不出差別了。※3

　　過去，看電視的距離，是以畫面高度的3倍左右來計算。具體來說，32吋電視適合3坪大的房間，42吋電視適合4坪大的房間。

　　以這個標準來計算的話，4K和8K相當於50～100吋，那非得超過6坪的大房間才能看。但是，4K和8K的每一吋像素尺寸也提高，也就是影像解析度提高，所以，即使在畫面高度的1.5倍的距離，也能享受鮮明的畫面。

　　此外，總務省和ＮＨＫ都在推動計畫，希望2020年東京奧運前，整頓好4K或8K的播放環境。更換新機時，應注意新規格的普及程度來選擇。

※3：到了８Ｋ的時候，畫質幾乎等於照片。大家有機會不妨到展示會或ＮＨＫ放送博物館搶先體驗。

畫面規格的不同

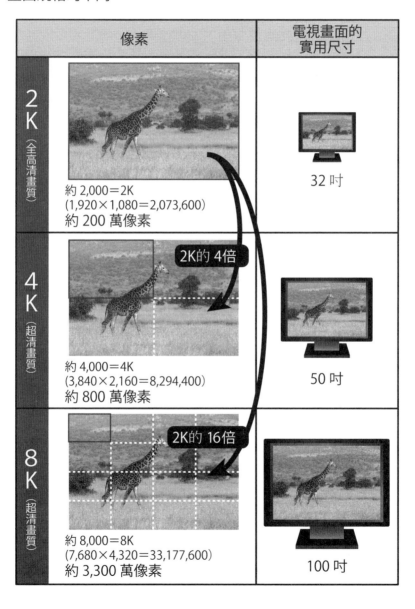

像素	電視畫面的實用尺寸
2K（全高清畫質） 約 2,000＝2K （1,920×1,080＝2,073,600） 約 200 萬像素	32 吋
4K（超清畫質） 2K的 4倍 約 4,000＝4K （3,840×2,160＝8,294,400） 約 800 萬像素	50 吋
8K（超清畫質） 2K的 16倍 約 8,000＝8K （7,680×4,320＝33,177,600） 約 3,300 萬像素	100 吋

12 什麼是下世代螢幕有機EL？

有機ＥＬ螢幕已運用在智慧型手機上。由於螢幕本身會發光，不像液晶螢幕需背光板，所以可以變得更薄，甚至可以彎曲。它的構造到底是什麼樣子？

ＥＬ與有機ＥＬ

ＥＬ是「電致發光（Electroluminescence）」，指的是只要加入電壓，就會發光的現象。總之，就是將電能轉變為光能。

電致發光與ＬＥＤ發光的構造相同，而有機ＥＬ則是在發光體材料上使用了有機化合物。

發光的原理與螢火蟲相同

大家都知道螢火蟲會發光，螢火蟲沒有帶電卻會發光，是因為與身體使用了酵素有關係。

螢光素這種蛋白質，經由螢光酵素分解，生成氧化螢光素，當它恢復原狀時會發出黃綠色的光。

這裡的能量來源並不是藉由電，而是叫ＡＴＰ（三磷酸腺苷）的物質產生能量的。ＡＴＰ有三個磷酸結合※1，切斷它的結合，就會產生能量。

有機ＥＬ是靠著由電流激發的有機化合物（發光層）從激發態回到基態時放出的能量發光。※2放出的能量以光能的方式散發。總之，有機ＥＬ

※1：磷酸的結合稱為「高能磷酸鹽」。
※2：最低能量的狀態叫做基態，其他的狀態就叫激發態。藉由激發，處於基態的固有狀態會轉移到激發態。而得到的能量就會變成光放出，再從激發態回到基態。

可以算是人工製造的「螢火蟲」。

作為顯示器的有機ＥＬ

液晶螢幕需要背光，所以再怎麼輕薄也有極限。

但是，有機ＥＬ自體會發光，所以不像液晶螢幕那樣需要背光的空間。一般期待它可以發揮輕薄的優點，應用在各種場合狀況。

ＥＬ自己會發光，所以與液晶不同，從斜角也能清楚看見畫面，如果停止發光，亦能表現出清晰的黑色。

與液晶顯示器不同的是，

液晶顯示器的背光板最大的光通過量是一半，另一半光被偏光片吸收而浪費掉了，在效率上很不經濟。由於有機ＥＬ發光機制是自發光所以不須加偏光片，電力消耗低，而且它可以變得極輕薄，因而也在發展智慧型手機上的應用。

由於構造極薄而且單純，只要使用塑膠基板的話，還可以彎曲。說不定以後電視會捲成圓形，想看的時候再打開，或是是做成曲面的螢幕，製造出與現在大為不同的電視機。

也有人已想到小型護目鏡的開發。看起來像是用有機Ｅ

Ｌ遮蔽眼睛，是一種外掛式保護鏡，可以濾掉有害光線或太強的光線，但是視線看出去卻是個大畫面。從護目鏡的延伸將開展出廣大的世界，彷彿一人電影院的概念。

作為光源的有機ＥＬ

有機ＥＬ照明的亮度雖然比電燈泡、螢光燈、ＬＥＤ照明更暗，但是它的特色在於容易創造大面積的發光面。像是讓整個天花板發光的照明，或是需要曲面的物品，可以自由創造出各種形體的照明鑲板，並可以期待無影照明等新的照明設計。

若能提高發光效率（電力等值的光量），便有可能達到節能和減少廢熱的目的。

有機ＥＬ有待克服的問題

由於發光層是有機化合物，因而有氧氣穿透材料層造成劣化、通電造成劣化，進而亮度降低的問題。

以它現在的壽命來看，雖然用於智慧型手機等較短時間更新的器材綽綽有餘，但是，若是往正式實用化的方向發展，如何延長壽命將是它的一大難題。※2

※3：有機ＥＬ的壽命據說只有液晶的一半。

第二章
「打掃、洗衣、烹調」中拾手可得的科學

13 掃地機器人的頭腦聰明嗎？

掃地機器人打掃房間時，不但會閃避障礙物，而且即使有樓梯也不會掉落，結束後還會回到固定的地點。這麼聰明的祕密在哪裡呢？

掃地機器人有2種

搭載人工智慧的新型掃地機器人，大致可分成兩種類型。

第一種的動作看起來莽莽撞撞，毫無章法，這種類型是遇到障礙物時就會改變前進路線，同時就像是我們在黑暗中，會伸手探索房間狀態一般，掌握空間狀況。

乍看起來，它的行動像是隨機變換，但是它一邊前進，一面掌握方向，即使同一個地點經過好幾次，也不會有任何遺漏。

第二種類型會事先掌握房間大小和狀況，建立「地圖」，由人工智慧思考移動路線後行動。

這種類型有如具有意志般在房間內直線移動，有效率的進行掃除。因而，這種類型的打掃時間也比較短。

以探測器掌握大略環境的類型

現在市面上銷售的掃地機器人，大多都是用探測儀掌握環境的類型。

這種類型裝有觸碰感測器，超音波感測器或紅外線感測器，接近牆壁或障礙物時即可感應。因此它會一面接近碰觸牆壁或障礙物，一面改變方

掃地機器人有兩種類型

以探測器掌握大略環境的類型

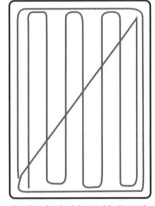

事先建立地圖的類型

向，探索房間的狀態。條件反射式行動※1是它的特色。

而且，距離感測器會計算前進的距離、陀螺儀感測器可感應旋轉角度，掌握自己所在的位置。輪子打滑時加速度感測器會檢測到，從而修正行走距離。

以探測器先掌握大略環境，人工智慧再配合狀況，如遇到椅腳時，它便會沿著椅腳周圍打掃。

事先建立地圖的類型

這種掃地機器人使用的技術叫做ＳＬＡＭ※2。

※1：自動依環境的條件來調整自己的動作。

ＳＬＡＭ是一種人工智慧，可同時進行地圖製作（mapping）和掌握置身位置（localization），藉此自行控制移動的技術。

具體來說，它會用光學照相機拍攝房間的天花板和牆壁，或向周圍射出雷射光、超音波和紅外線等，再依靠回傳狀況，測量自己與牆壁的距離，繪製房間的地圖。人工智慧會根據該地圖想出最有效率的移動方法後行動。

因此，它能在房間裡直線移動打掃，宛如具有意志一般。

但是，它所製作的地圖畢竟比較粗略，所以，偶爾也會有碰到椅腳的情形。這時它也會像前一種探測器掌握空間型那樣，在椅腳周圍繞一圈打掃。

換句話說，它就是探測空間型再加上製作地圖功能的掃地機。

掃地機器人為什麼不會從樓梯摔落？

另外，為什麼掃地機器人不會從樓梯摔落呢？其原因就在掃地機下方設置的紅色線感測器。這個感測器會測量與地板的距離，檢測樓梯或玄關的邊緣。

紅外線感測器能檢測出地板的凹凸，所以也能辨別地板與地毯的不同。走在地毯上時會自動提高吸力，也是紅外線感測器的功勞。※3

另外，行走到塵屑較多的地方，它會像是長了眼睛般提高吸力。只不過掃地機器人並

※2：Simultaneous Localization and Mapping 的簡稱。

不是用攝像頭等的「眼睛」來發現塵屑。

　　它的吸入口設置了光感應器，會偵測塵屑通過，或是在吸入塵屑時感應它產生的聲音（周波數）變化等，在吸入塵屑後，從感應到聲音頻率高低的不同變化而判斷出此處應有髒汙的狀況。

　　掃地機器人在清掃結束後，會自動返回充電座，這也是感應器發揮的作用。

　　充電座會發出紅外線，掃地機器人靠著紅外線的指引返回。紅外線的功能就相當於燈塔。

　　所以，掃地機器人是靠著各種各樣的感測器，進行清掃作業，不過感測器，還是得靠人類勤加清潔才能正常運作。

※3：紅外線感應器有對黑色（會吸收紅外線）或透明（紅外線會通過）物體無法正確辨識距離的缺點。因此，會發生碰撞黑牆壁或玻璃的情況發生。

14 洗潔劑放太多也沒有效果？

清洗大量的髒衣服時，你會不會下意識的放很多洗潔劑呢？但是，洗潔劑不論是放太多還是放太少，都不能得到期待的效果哦。適量加入才是洗衣不二法門。

清洗衣物油汙的原理

有句話說「油水不容」，的確，油和水具有互不融合、互相排斥的特性。衣物上的髒汙多是皮脂等油性汙漬，光用水是洗不掉的，必須靠洗潔劑的主要成分界面活性劑※1才能洗掉油汙。※2

界面活性劑形狀長得像火柴棒，一個分子有兩端，親油端含容易與油結合的分子結構稱為親油基，親水端含容易與水結合的分子結構稱為「親水基」。這種界面活性劑會讓互相排斥的水和油容易融解，亦

即由界面活性劑分子的親油端來與油汙鍵結而去除油汙。

與油親近的棒狀部分（親油基）一旦接近油分，就會附著在汙漬上，將它包圍起來。另一方面，與水親近的親水基與水結合，發揮作用讓水滲入汙漬和纖維的縫隙間。由於汙漬被界面活性劑包裹住，已無法再回到布料上。

被剝離的汙漬在界面活性劑的作用下，分解成細小的顆粒，在洗滌中流掉。

這就是界面活性劑洗清汙垢的原理。

※1：分子為具有親油端和親水端的物質，由親油端來與油汙鍵結而去除油汙。
※2：物質與物質的分界稱為「界面」。使界面產生變化的物質叫「界面活性劑」，最具代表的就是肥皂，是由油脂與氫氧化鈉（苛性鈉）產生反應製造的。

界面活性劑洗去汙漬的原理

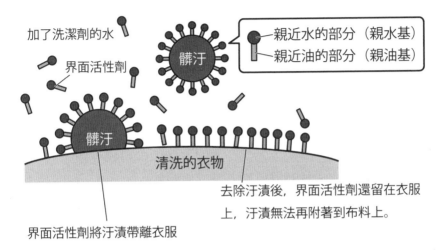

加了洗潔劑的水

界面活性劑

親近水的部分（親水基）

親近油的部分（親油基）

髒汙

髒汙

清洗的衣物

去除汙漬後，界面活性劑還留在衣服上，汙漬無法再附著到布料上。

界面活性劑將汙漬帶離衣服

界面活性劑的重點在濃度

界面活性劑達到某個濃度，界面活性劑分子中的親油基會互相黏合，產生「微胞」的分子聚合體。微胞會把油汙吸進內側，所以微胞增加，洗淨力就會提高。

可是，如果洗潔劑量少到無法包裹時，就無法把汙垢洗掉。為了節約而減少洗潔劑的話，界面活性劑沒能發揮原本的功能，反而會造成衣物泛黃、發黑發臭的可能。

在到達某一定濃度之前，洗潔的效果會和洗潔劑量成正比，急速升高。

相反的，如果放入超過一定的量，即使放再多洗潔劑下去，效果也幾乎沒有任何變化。

汙漬當中，有些部分光靠界面活性劑的作用，也無法將它洗掉。對於這種頑垢，一味的加入界面活性劑也沒有用。只是製造了很多沒法將汙漬包裹住的微胞而已。

過多的洗潔劑當然是浪費，另外，洗潔劑放太多，也會拉長洗滌時間，無謂的浪費水和時間。

洗潔劑的包裝上，都記載了配合洗衣量與洗衣機水量的對應洗潔劑量，使用前務必詳加確認，看清楚容量。

嚴重的髒汙另外清洗

衣物的髒汙並非所有部位都相同，領口和袖口等部分髒汙較嚴重的位置，可以先沾一點洗潔劑，用手或刷子搓洗，再放進洗衣機清洗時，比較容易洗掉。

此外，衣物沾到食物滴濺或血液等蛋白質相關系列汙垢，在放入洗衣機前，可將它放進溫水，滴入含蛋白質分解酵素的洗潔劑，浸泡一段時間，便能獲得與界面活性劑不同原理的去汙效果。※3

洗潔劑除了酵素之外，還含有數種提高洗淨效果的輔助成分。像是按汙漬的不同，讓較容易傾向酸性的洗淨液保持適中的鹼劑※4，將影響洗淨力的水中礦物質鎖住的水軟化劑※5、防止脫落的汙漬再附著到衣服上的分散劑※6等。綜合這形形色色成分的力量來洗淨衣服的汙漬。

※3：關於酵素，請參考下一單元。
※4：使水含鹼性離子的材料，強鹼具腐蝕性。
※5：軟化劑是用來使硬水中的鈣離子和鎂離子除去的東西。
※6：分散劑主要作用是防止固體微粒的重新凝聚，防止再附著。

節水型洗衣機必須注意的地方

洗潔劑的用量方面，尤其是滾筒洗衣機近年來銷量大增，這種節水型洗衣機有一點要特別注意。

以前的計量用具是從清洗衣物的重量、使用的水量為標準來提示洗潔劑用量。但是，在節水型洗衣機中，如果依水量放入洗潔劑的話，相對於衣物量來說，洗潔劑的用量可能會太少。

因此，最近洗潔劑的包裝上，會按「直立式」「滾筒式」分別標出適用量。主要就是因為使用節水型洗衣機，標示並不是以水量，而是以洗衣量為標準。

雖然每次洗衣都得計算洗衣物有多少公斤，實在麻煩，但是，計算過幾次之後，大概就能估算出來了吧。

務必牢記「使用節水型洗衣機時，應以洗衣量為標準決定洗潔劑的量」，才能有效果的洗淨衣物。

14 加酵素的洗潔劑與一般洗潔劑有什麼不同？

去汙的洗潔劑主要成分是界面活性劑，但是經常可以發現，洗衣用的洗潔劑都有強調「加入酵素」的產品，酵素在去汙上究竟有什麼樣的效果呢？

與界面活性劑不同，酵素的作用是？

如同前一單元說過，洗潔劑的主要成分是界面活性劑，它同時具有親油的部分和親水的部分。容易與油結合的部分會附著到油性汙垢上，讓它從洗滌物脫離。

相對的，酵素具有在水中幫忙將汙漬作化學性的分解，讓它變得細碎的功能※1。我們攝取食物後，消化酵素也會發揮功能，消化分解食物。同樣的，酵素在洗衣槽中將髒汙分解細碎，讓汙垢從衣物脫落，

界面活性劑則會輕鬆的進行剝落汙垢的作業。

酵素分解的對象不只是油（脂質），像蛋白質、澱粉，甚至還有不是汙垢的衣物纖維。

對付各種類型的汙漬，酵素種類也很多

依據酵素的作用可分為破壞蛋白質分子結構的酵素稱為蛋白質分解酵素（蛋白酶）、破壞脂質分子結構的酵素稱為脂質分解酵素（脂酶）、破壞澱粉分子結構的酵素稱為澱粉

※1：容易產生這種化學反應的物質稱為「觸媒」，它的特徵是反應前後，自己並不會產生變化。

分解酵素（澱粉酶）、破壞纖維分子結構的酵素稱為纖維分解酵素（纖維素酶）等種類。

脂質分解酵素的威力在於去除油汙和身體分泌的皮脂汙垢，蛋白質分解酵素處理血液和牛奶，澱粉分解酵素則是用於食物等。

功能稍微不同的是纖維分解酵素，它能在拆解但不傷纖維的程度，處理深藏在棉、麻等植物性纖維縫隙中的髒汙。其他還有去除纖維表面細小的毛球、保持衣物色彩的鮮豔或去除髒黑的效果。

加酵素的洗潔劑這麼用，效果顯著

如果想讓酵素發揮效果，最好先了解幾個小訣竅。

第一，酵素在溫水中比冷水更能發揮功能※2。但是，酵素本身也是蛋白質，所以在高溫的熱水中會開始凝結。此外，如果汙漬屬於蛋白質類的髒汙，汙漬的成分也會凝結，有可能在纖維上附著得更緊。而最適當的溫度，大多是36～37℃。

它不太能應付強酸或鹼，所以在液體呈接近中性的狀態

酵素的種類與對應的汙漬一覽表	
蛋白酶（蛋白質分解酵素）	汙垢、血液、牛奶等含有較多蛋白質的食物汙漬
脂酶（脂質分解酵素）	皮脂、含有油脂食物的汙漬
澱粉酶（澱粉分解酵素）	麵糊、肉醬等使用麵粉的食物，或南瓜湯等富含澱粉的食物汙漬
纖維素酶（纖維分解酵素）	深入棉質纖維的汙漬（會對纖維發生作用，使其鬆弛後洗淨）

※2：因為一般酵素最適合的溫度是 30 ～ 40 度 C，略高於室溫，但當溫度升太高，酵素也會失去活性。

下最能發揮威力。※3

此外，汙垢並不是遇到酵素便瞬間瓦解。所以平時洗衣的時間太短的話，無法充分分解汙垢。若是想要活用酵素的特性充分洗滌，不妨在泡澡剩餘的溫水裡倒入洗潔劑，放置３０分鐘到１小時後開始進行洗滌和沖去※4，應可達到更理想的效果。

了解弱點，聰明運用

加有蛋白質分解酵素的洗潔劑並不適合洗滌羊毛和絲製品。棉麻等多種纖維是取自植物，但羊毛和絲卻是由動物性蛋白質形成的纖維，所以酵素的作用有傷害纖維本身之虞※5。

清洗這類動物性蛋白質形成的纖維製品時，最好加入沒有蛋白質分解酵素的冷洗精等洗潔劑，便不會造成衣服變形走樣。

此外，動物性蛋白質的纖維產品也可以用洗髮精做簡單的清潔。因為人體的毛髮也由動物性蛋白質組成，與羊毛和絲的性質相近。

※3：但是，最近發現培養的微生物，可生產耐鹼性的酵素，即使在鹼性的洗滌液中也很能發揮效果。
※4：提供足夠的反應時間使酵素充分發揮功能。
※5：因酵素有可能與纖維中的蛋白質產生反應而破壞其結構。

16　微波爐如何加熱食物？

由於微波爐不用火就能加熱食物，所以上市之初，被譽為「夢幻調理機」。我們就來看看每天經常使用的微波爐有什麼構造。

微波爐的原理

微波爐是利用稱為「微波」的電磁波來加熱食物。為什麼食物遇到電磁波就會變熱呢？關鍵是食物中所含的「水分」。

幾乎所有的食物，都含有或多或少的水分，從組成食物的最小單位個別的分子的角度來看，每個水分子中都有正（＋）與負（－）的電荷。

當電磁波照射在食物上時，這些食物內的正負電荷因為與電磁波發生反應，水分子內的正負電荷開始震盪而產生熱能，讓水的溫度上升，而且產生的熱能還會逸散到水之外的周圍，因而食物的溫度也跟著升高。

物質是由原子、分子構成，這些原子、分子都處在運動、振動和旋轉的狀態。而「熱」就是這些原子、分子在運動十分激烈的過程放出熱能的意思。這叫做熱運動。

所以加熱食物的原理，即是讓食物的分子激烈振動，電磁波扮演的角色就是一股讓食物的分子激烈振動的推動力。微波爐使用的就是這個原理。

1秒鐘振動24億5000萬次加熱

微波爐發出電磁波（微波）的裝置叫做「磁控管」，因為所選的微波頻率要配合水

微波爐的原理

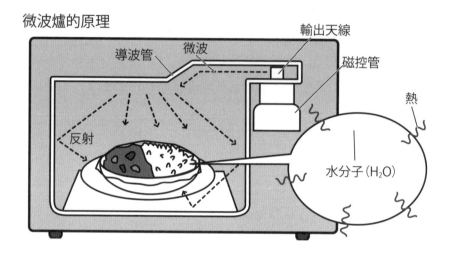

容易振動的頻率，因而設計讓磁控管發出2.45千兆赫茲（千赫）的振動數。食物中的水分子內的電荷會隨著微波，每秒振動24億5000萬次，而發出熱量。因此，含有水分的食物溫度就會上升。

附帶一提，不含水的空陶盤或空玻璃杯，即使放入微波爐加熱，也幾乎不會變熱。因為陶器和玻璃等的分子，不像水分子那樣帶有正負電荷，所以，材料本身對微波沒有反應，也不會發生熱運動。※1

此外像是冰塊放進微波爐加熱，溫度並不會升高，也不太會溶化。冰是固體，水分子之間凝聚力很大，分子內的電

※1：當然沒有水分的乾燥食物也無法加熱。

荷受到很強侷限，不容易運動，因此，對微波造成的振動反應較遲鈍。

聰明的使用和注意事項

使用微波爐幫水加熱的話，周圍也會變熱，讓微生物難以生存，所以能簡單殺菌。

在家裡製作優格時，如果容器未能完整殺菌，很可能因為雜菌繁殖而失敗。製作前不妨在保鮮盒中加一點水，用微波爐加熱就可殺菌。其他像是菜瓜布或砧板，灑點水放進微波爐，同樣都能殺菌。

有些東西不能用微波爐加熱

像是生蛋不可用微波爐加熱，微波因為是電磁波，所以會滲穿透到蛋的內部，將蛋黃中的水分加熱。但是蛋黃的周圍是蛋白和固體蛋殼，當蛋的內部溫度升高，水變成的水蒸氣無處排出，因此內部氣體壓力開始升高，以至產生爆炸。

乾冰也會爆炸。乾冰是二氧化碳製造，二氧化碳的分子沒有帶正電或負電的電荷，因此，通常用微波爐沒有加熱效果。但是，低溫的乾冰在內部或表面都附著了霜狀的水分。用微波爐加熱的話，水分溶化，讓附著面的乾冰溫度升高，乾冰就會氣化瞬間產生大量氣體，是一股很大的氣體壓力來源，因此也會有爆炸的危險。

另外，金屬有起火的危險，不可以放進微波爐中。

17　冰箱如何保冷？

如果想長期保存食物，最不可缺乏的就是冰箱。然而冰箱周圍都會發出微熱。它到底是什麼原理，能保持箱內的冷度呢？

從前的冰箱

日本第一台電冰箱是在1930年（昭和五年）上市，當時叫做「冷藏器」※1。標準價格為720日圓，這筆錢在當時可以蓋一棟小房子，十分昂貴。在它之前，人們用大冰塊放進箱中保冷，名副其實的「冰箱」。冰則是每天從冰店採購。因此，只有部分在夏天炎熱的時期使用。

現在的冰箱當然不用放進冰塊也能保冷了。而且，還能製造冰塊。那麼，它是用什麼樣的結構在冷卻食物呢？

溫度下降需要將液體氣化

打針前用酒精消毒時，皮膚會感到一股沁涼感。那是因為液體的酒精從皮膚蒸發，在空氣中變成氣體時，會吸收周圍的熱。夏天灑水氣溫會下降也是同樣的道理。

冰箱裡冷媒就是利用這種液體變成氣體時吸收熱（氣化熱），讓周圍降溫，藉著水蒸發時會吸熱的原理來帶走熱量，反之，當氣體變成液體時，向周圍散出熱，藉著水凝結時會放熱的原理來放出熱量，加溫周圍的現象。※2

※1：日本第一台電冰箱是當時的芝浦製作所（現在的東芝）發售。一九三五年，安裝壓縮機和冷凝器的冰箱上市，此時開始才稱作「電冰箱」。
※2：運用這原理就可以用冷媒對物體升溫或降溫，與前述冷氣機原理很類似。

液體冷媒吸收冰箱內的熱氣化
（此時箱內不斷降溫）

$\downarrow\uparrow$

變成氣體的冷媒在壓縮機中
溫度升高，放出熱
（此時冷媒是液體）

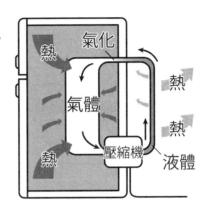

進而，它也應用了斷熱壓縮（又稱絕熱過程）和斷熱膨脹的現象（就是一個封閉系統中與外界能量的交換方式）。這種現象是將氣體加壓力壓縮氣體時，氣體受到壓力，分子運動激烈因之溫度上升，而膨脹時氣體壓力降低會使得其分子運動減緩，溫度則下降。

冷媒搬運熱能

接下來，我們就看看真正的冰箱吧。冰箱裡布滿裝了冰媒※3的管子，首先液體冷媒吸收冰箱內食物和空氣的熱量後，管子中的冷媒氣化變成氣體，管子會將氣體冷媒集中到管道中間的壓縮機，冷媒經壓縮後變成液體。這時，冷媒的溫度上升，向周圍散發熱氣。一再循環之下，冰箱內的溫度下降，在外部散出熱氣。

氟氯碳化合物的禁用與無氟

※3：冷媒是一種負責搬運熱能的物質。在常溫下是氣體，加入壓力後變成液體。我們就利用液體冷媒氣化時吸收周圍熱量的特性，來控制溫度。

無氟冰箱按規定要標示「無氟標章」，購買時請先認明。（左圖為日本無氟標章）

氟碳化合物冰箱

以前的冰箱使用「氟氯碳化合物」當冷媒，氟氯碳化合物有不易燃、不變質、毒性低等特徵。

所以氟氯碳化合物廣泛的運用在電子零件的清洗，或金屬零件清潔劑和噴霧的氣體。

但是，人們發現當它釋放到大氣中，上升到成層圈時，會被紫外線照射後分子結構改變而分解，與臭氧產生反應，破壞臭氧層，所以開始嚴格限制它的使用※4。

於是，人們開發出不破壞臭氧層的替代氟氯碳化合物，然而，替代氟氯碳化合物卻會造成溫室效應，而且它比地球暖化的主因——二氧化碳排放造成的效果，高出數百到數萬倍

有鑑於此，最近上市的家用冰箱幾乎全都以不會破壞臭氧層、溫室效應上與二氧化碳幾乎相同的異丁烷來做冷媒。此外，為了保持箱內冷氣所使用的斷熱材（斷熱材發泡劑），也使用了無氟氯碳的素材環戊烷，這就是現在的「無氟冰箱」。

無氟冰箱按規定要標示「無氟標章」，購買時請先認明。

※4：在日本，特定的氟氯碳化合物於１９９５年全面禁止，做斷熱材發泡劑的替代氟氯碳化合物，也在２００３年底全面禁止。

18 「不沾平底鍋」為什麼不沾？

近年來，許多種平底鍋由於不會沾黏，在烹調上更為方便，而其中最有名的是鐵氟龍加工的製品。為什麼它能不燒焦黏鍋呢？

歸根究底，燒焦沾黏是怎麼形成的？

平底鍋看起來是乾的，但其實表面殘留著極少量的水分，這叫做吸附水※1。當食物放在鍋子上時，吸附水就與食物中的水分接觸，於是，食品中含水的蛋白質或糖與平底鍋的吸附水會相黏而黏在平底鍋上。這個狀態下持續加熱的話，黏著在吸附水上的蛋白質和糖就會開始凝固。這就是造成燒焦黏鍋的原因。所以，只要在鍋子上加工，讓吸附水不要與食物接觸，就不會沾黏了。原理是這樣形成的。

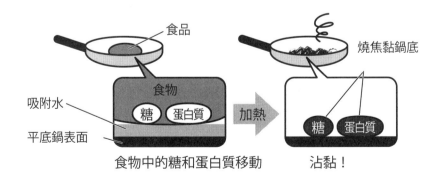

※1：吸附在物質顆粒之間的少數水分子。

至於普通的平底鍋，通常是倒了油之後加熱，這是在食物水分與吸附水之間形成一層油，用這個方法來防止食物直接接觸。

氟碳塗料是什麼

鐵氟龍使用的素材叫做氟碳塗料※2，而說到氟碳塗料，最有名的莫過於科慕公司（前杜邦公司）在全世界最早開發

出來的「鐵氟龍」。其他還有很多種類。每一種都有很多碳原子結合成化學鏈，大量的氟原子像葡萄般連結起來。

加工過的平底鍋，是用氟碳塗料在鋁或鐵製成的平底鍋包覆一層膜，或是混合在金屬裡。

氟碳塗料的特性，對幾乎所有化學藥品，都有安定的耐藥品性※3，不容易摩擦的低磨

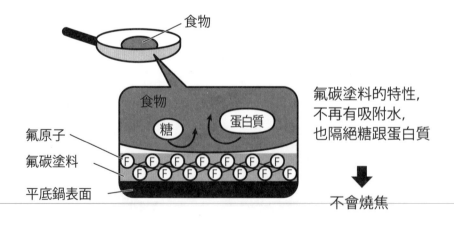

食物

食物

糖　蛋白質

氟原子
氟碳塗料
平底鍋表面

F F F F F F F F F
F F F F F F F F F

氟碳塗料的特性，不再有吸附水，也隔絕糖跟蛋白質

↓

不會燒焦

※2：鐵氟龍是加工平底鍋免於燒焦的材料。
※3：亦即不易腐蝕也不易起化學變化。

擦性※4、把水彈開的潑水性※5等。它不但讓平底鍋表面不再有吸附水，同時也隔絕食物與鍋面直接接觸。因此，便不會燒焦黏鍋。

利用氟碳塗料的特性，不只是平底鍋，也可以用在一般鍋具、電鍋、電水壺、電烤盤、電纜線的包膜、傘、衣服等形形色色物品上。

安全耐久的使用方式

經鐵氟龍加工的平底鍋，在使用上需要注意三點。

①不可空燒，②不可急速冷卻熱鍋，③不要使用邊緣尖銳的鏟子。

鍋子空燒會導致鍋子溫度急遽升高，加工的氟碳塗料分解，有產生氣體，或塗料融化的危險。

而急速冷卻就是造成急速熱脹冷縮，使用尖銳的鏟子則易造成刮傷破壞表面，容易在表面產生裂縫或損傷，使得氟碳塗料脫落。

令人擔心的是，這些氟碳塗料的碎片或氣體，對人體是否有害這一點。

所幸氟碳塗料是非常不易反應的物質，在人體內既不會分解也不會吸收。因此即使吃進去，也會直接代謝掉。

但大量吸入氟碳塗料的氣體，對人體有害。目前已知會引起類似流感的症狀。但是，只要火溫在260℃以下，就不會發生，只要不空燒造成氟碳塗料材料過度高溫就不會產生問題。

※4：亦即材料本身不易被磨損。
※5：亦即與水分子不會產生親和力、不易吸附水分子。

19　壓力鍋爲什麼能在短時間做出可口的料理？

短時間就能做出可口料理的壓力鍋，真是餐桌上的好幫手。讓我們來看看，施加壓力烹調用的是什麼原理。

沸騰是如何產生的？

當煮東西、煮飯等需要煮沸含水食物的料理，最能發揮壓力鍋的威力。這裡，在說明壓力鍋之前，我們先解說一下「沸騰」的原理吧。

水分子是由兩個氫原子和一個氧原子結合構成的。

把水加熱時，水分子的運動會變得劇烈。液體的水漸漸變成氣體的水蒸氣，從水中揮發出去。

這種液體變成氣體的現象，叫做「蒸發」，揮發出去的水蒸氣分子撞擊到鍋蓋或鍋壁，所產生的壓力叫做「蒸氣壓」。

由於水分子的運動會隨著溫度升高，激烈程度也不一樣，高溫之下水分子得到熱能後會揮發，因此揮發出去的水分子數量也會不同。總之，蒸氣壓力的數值也會改變。當這種由溫度決定蒸氣壓力的最大值，稱為「飽和蒸氣壓」※1。加熱水的過程中是因為水溫逐漸上升，飽和蒸氣壓隨之升高，直到足以克服周圍大氣的壓力，發生氣化而產生大量氣泡即沸騰。而這個溫度就是此

※1：飽和蒸氣壓的定義爲在密閉容器內，在液態水與氣態水處於平衡狀態時，蒸氣所產生的壓力。

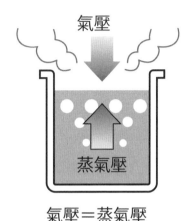

氣壓＝蒸氣壓

壓力相當時沸騰

壓力下的沸點。

　沸騰發生時，水的內部會冒出大量的氣泡，這些氣泡是水蒸氣※2。

　所謂的沸騰，是指除了水的表面有蒸氣逸出之外，水的內部也有蒸氣形成氣泡冒出來的現象。這時，水的內部承受了與氣壓同等大小的壓力。※3

壓力鍋是如何發揮效果呢？

　一般鍋蓋具有不讓熱能逃脫、不讓水分逃脫、防止灰塵掉入等功能。只是，水蒸氣會從鍋與鍋蓋間的縫隙漏出來。

　相對的，壓力鍋的鍋蓋完全將水蒸氣封在裡面，蒸氣無法逸散到外面，鍋內的壓力越來越大。總之，這個封住水蒸

※2：「水蒸氣」是透明的氣體，肉眼看不見，沸騰時產生的白煙，是周圍的空氣冷卻水蒸氣產生的現象，所以是回到水滴的液體狀態
※3：由此可知，水的沸點會隨著氣壓而改變。例如，富士山的山頂上的氣壓低，所以水在大約８８℃就會沸騰。因為壓迫水的大氣壓力比較低（氣壓低的地方），所以水在較低溫度就會沸騰了。

氣的鍋蓋具有極重要的任務。

　　用蓋子密閉的壓力鍋煮水時，因為鍋子內有極高的氣體壓力，相對的讓水的沸點變高，水到了100℃並不會沸騰，而是在超過100℃的高溫才會沸騰。

　　溫度越高，水分子的運動越激烈，因此，壓力鍋煮水的沸點會比一般標準氣壓時的沸點還壓力更高的狀態，超過100℃才發生沸騰現象。

　　壓力鍋的特性就是利用將鍋中氣體壓力加大，以氣壓影響沸點來造成高壓、高溫，達到更快更有效率煮熟食物的功能。它的壓力是通常的氣壓（1氣壓）大約1.5倍（1.5氣壓），大多會在120℃上下沸騰。

壓力鍋適合什麼料理？

　　通常100℃就能煮熟，卻讓它在120℃煮熟，究竟有什麼好處呢？

　　高溫、高壓下烹調，只要短短時間就能讓食物由裡到外都熟透。尤其是核心堅硬的食材，或者需要長時間燉煮的食材最具效果。由於蒸氣逃脫不

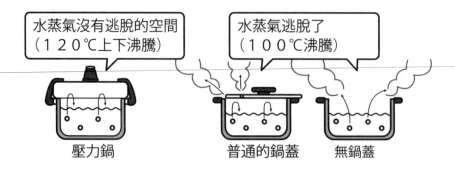

水蒸氣沒有逃脫的空間
（120℃上下沸騰）

水蒸氣逃脫了
（100℃沸騰）

壓力鍋　　　　普通的鍋蓋　　　無鍋蓋

掉，因此也能以少量的水分燉煮。此外，短時間就能煮熟的話，食材原有的營養成分也流失得較少。烹煮時間短，自然也節省能源。

壓力鍋適合的料理，像咖哩或燉肉等燉煮自不用說，其他不容易煮爛的肉塊、使用根菜類的豬肉湯、滷蘿蔔等都很適合。還能用來煮出美味的白飯。

由此可見，壓力鍋可以活用在所有需要沸騰的料理上。

此外，會產生大量氣體的小蘇打或油炸食物，在過度的高溫、高壓環境下都會產生危險。它會膨脹或起泡（例如通心麵等麵類）、買來時縮小的貝類，或是燜煮牛蒡蓮藕絲等彈牙帶勁的食物，也最好不要使用。

適合壓力鍋的料理	種類	例
	用到肉塊的菜	東坡肉、叉燒
	用到根菜類的菜	豬肉湯、滷蘿蔔
	用到豆子的菜	五目豆、紅豆飯
	湯汁多的菜	燉肉、咖哩
	其他	蒸芋頭、連骨一起吃的魚等

不適合壓力鍋的料理	種類	例
	彈牙有勁的菜	燜煮牛蒡蓮藕絲、葉菜類
	快炒的飯類	炒飯、奶油炒飯
	麵類	義式通心麵
	油炸	天婦羅

20 ＩＨ電磁爐如何加熱烹調？

ＩＨ電磁爐 ※1 不需用火，所以即使家裡有老人或小小孩，也可以安心使用。它的結構重點在於靠著「渦電流」發熱。

如何加熱？

沒有火卻能加熱容器，是因為鍋子本身發熱。它的發熱是由流過鍋底的渦電流所產生的。

電流流過物體時會發熱，例如，家中的電線有電流流過，所以會微微發熱。家用電器則會更熱一點。電流流過發出的熱叫做「焦耳熱」。那麼，只是把鍋子放在調理爐上，為什麼鍋底就會有渦電流流過呢？

這裡出現的是一種「電磁感應」的現象。調理爐的內部設置了纏繞粗大鐵芯的線圈，電流通過纏繞鐵芯的線圈時成為電磁石。當線圈有電流通過時，就會變成電磁石，亦即電磁石因通電後周圍形成磁場（磁界），磁場就是有磁力涵蓋的地方。

這時鐵芯周圍的磁場會因通電時電流流動方向的變化造成磁場時強時弱的方向變化，每秒約6萬次。變化的磁場附近若有金屬板（鍋底）的話，金屬板感受到磁場的變化會引致渦電流流經材料本身，材料即因電流流經而發熱。

※1：ＩＨ是 induction heating(感應加熱)的簡稱。ＩＨ電磁爐(又叫電磁調理器)，是靠著電磁感應產生電流，用電流造成的焦耳熱來加熱的調理爐。

ＩＨ電磁爐的原理

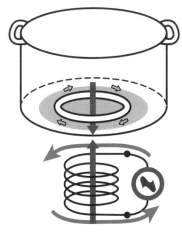

下部線圈的電流,
在上部鍋具素材
中形成渦電流。

右下方的波狀標誌
表示高周波 (每秒很多次
變化) 電流的電源。

每秒發生六萬次振動

這裡再仔細的說明電磁感應。

如下頁的左圖，將磁石靠近線圈，就會發生電流。因為線圈內的磁場發生變化，這是因為當磁石靠近前，原先線圈內就有磁場，但磁石一靠近，線圈內原本的磁場就會變強或變弱，只要材料一感受到磁場變化，就自然會感應產生對應電流。這種現象叫做電磁感應，此時，流經的電流叫做感應電流。另外，右圖則顯示，不用磁石，用外部電池在另一個線圈通電，也會產生同樣的現象。

重點是，線圈周圍磁場的大小和方向沒有「變化」的話，不論再大的磁場，也會維持恆定，什麼都不會發生。

ＩＨ電磁爐使用的是每秒振動六萬次的高周波 (就是電流方向每秒變化六萬次)，所以能有效率的發生感應電流※2。而且，如果承受磁場變化的

電磁感應的原理

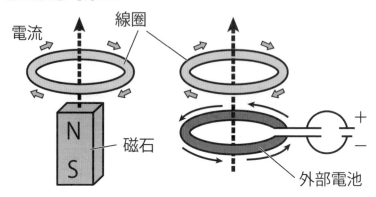

電流　線圈　磁石

N
S

外部電池

＋
－

物質是金屬板，就會製造出渦狀的電流，即渦電流。而它最後就會轉變成熱能。

熱效率高、安全性好

　　在瓦斯爐用「明火」※3烹煮，是透過空氣將熱傳到鍋子，因此，熱很容易逃脫到四周。

　　瓦斯爐的熱效率約為40～50％，熱能只能傳送一半左右。相反的，ＩＨ電磁爐的特點就是熱效率高達90％※4，由於沒有明火，沒有油引火燃的危險，安全性也高。而且由於不用瓦斯，也減少換氣的需要※5。

　　但是，加熱後的平台會因為鍋具的熱度而發熱，要特別小心。此外，使用的鍋具也必須是容易產生渦電流的材質，所以購買鍋具時，請確認

※2：產生的是電流方向反覆變化的交流電。
※3：真實的火焰。
※4：但是，熱效率是在實驗室中對機械構造得到的數值，並沒有對實際食用部分進行測量。而且也會因氣溫條件而改變。數字只是個基準。
※5：因為有食材本身的散發物（水蒸氣、油、二氧化碳等），和空氣受熱而產生的氮氧化物，所以不能不換氣。

可適用於ＩＨ爐。此外，金屬餐具、鋁箔紙、戒指等也會加熱，所以應避免放在電磁爐上。

　　ＩＨ爐的優點是可以長時間安全的小火烹煮，像是小火慢燉的肉類、湯、或是保持高溫但不滾沸的味噌湯都很適合。

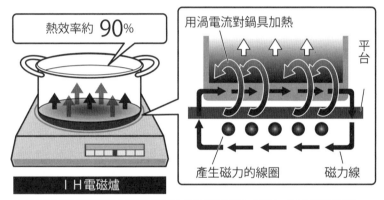

熱效率約 **90**%

用渦電流對鍋具加熱

平台

產生磁力的線圈　　磁力線

ＩＨ電磁爐

ＩＨ電磁爐是將熱直接傳導到湯鍋或平底鍋底部，所以，不會浪費熱源。而且不用明火，安全性比較高。

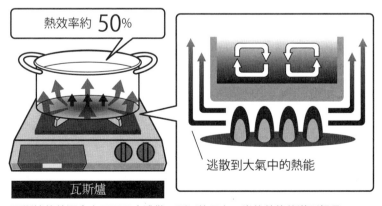

熱效率約 **50**%

逃散到大氣中的熱能

瓦斯爐

瓦斯爐的熱源會向四面八方逃散，所以約只有一半的熱能傳導到鍋具。

第三章
「舒適生活」拾手可得的科學

21 日本的硬幣是用哪種金屬製造的？

製作硬幣、剪刀、鐵橋、大樓等的金屬，在我們的生活中是不可或缺的物質。其中鐵，占了所有金屬的九成以上，人們稱之為「工業的米」。

金屬有3種特性

元素周期表現在有118種元素，其中約八成是金屬元素※1。純金屬元素製造的物質，都叫做金屬。

金屬具有三種特性，即表面光滑具有特有的光澤（金屬光），傳導性佳善於傳電和傳熱，材料具良好可塑性亦即具有延展性，拉引即會伸長，敲打即可延展。

舉例來說，就顏色而言，金屬元素鈣或鋇帶有什麼顏色呢？答案是「銀色」。金屬的光澤幾乎都是銀色，只有金的

金色和銅的暗金色是例外。不少人以為鈣和鋇是白色的，那是因為我們看到的不是純金屬本身而是化合物，亦即所謂的「○○鈣※2」、「○○鋇※3」等，這些鈣和鋇與其他元素的化合物是白色的關係，但若是純金屬本身就具有光澤。

金屬的各種分類方式

金屬的分類方式五花八門，全看人怎麼看待它。

【鐵與非鐵金屬】

金屬材料中使用量最大的

※1：元素週期表中，有「金」字旁的都是金屬。
※2：例如碳酸鈣等。
※3：例如胃部X光檢查時喝的硫酸鋇等。

是鋼鐵，除了鋼鐵之外的金屬稱為非鐵金屬※4。

非鐵金屬又可分為埋藏量多，用途廣泛的基本金屬※5和埋藏量少、稀罕性高的稀有金屬，和作用寶石首飾用的貴金屬。

【貴金屬與卑金屬】

空氣中容易鏽蝕的金屬稱為卑金屬※6，在空氣中安定，不會失去金屬光澤的金屬，稱為貴金屬。貴金屬也通常是指金、銀、鉑、鈀四種價格昂貴、外表美觀、化學性質穩定、具有較強的保值能力之金屬。像是裝飾用的金、白金、銀等，都是代表性的貴金屬。

【輕金屬與重金屬】

按金屬的「輕與重」（即密度）來分類，一般每一立方公分密度在4或5以下者※7，稱為輕金屬，密度高於此值者為重金屬※8。

鐵、鉻、鎳、銅、鋅、鉛、錫等作為材料用的金屬，幾乎都是重金屬。

輕金屬的鋁、鈦、鎂也經常作為材料使用。

金屬中最常用的是鐵、銅、鋁

鐵是用途最為廣泛的金屬，從建築材料到日用品到處都用得到它。鐵可以煉成性質優越的合金，也是它用途寬廣

※4：除鐵、鉻、錳外，存在自然界中的金屬。
※5：基礎的金屬。
※6：卑金屬是除了金、銀、鉑、鈀等貴金屬之外，其他所有的金屬，特性是容易氧化與腐蝕。
※7：也就是所謂原子質量較輕的金屬。
※8：也就是所謂原子質量較重的金屬。

的原因之一。含碳率0.04～1.7%的鋼就是其中一例。

銅是種帶紅色的柔軟金屬，導熱性和導電性極佳，因此，廣泛用於電線等電氣材料上。電線約占銅需求量的一半左右。

鋁是種輕量、容易加工、具耐腐蝕性的金屬，用於各種用具上，如車體的一部分、建築物的一部分、罐頭容器、電腦、家電產品的外殼。鋁之所以具有耐腐蝕性，是因為鋁的表面在空氣中氧化後，氧化鋁形成的細密的氧化鋁膜保護了內部。

關於耐腐蝕性的提升，有時也會經過陽極處理加工，人工增厚氧化鋁膜，以提高耐腐蝕性※9。

製成合金使用的金屬

在某種金屬加入其他金屬元素，或是加入碳、硼等非金屬元素融合製成的金屬，稱為合金（取另一種以上材料與金屬混合）。

此處我們就以不鏽鋼為例來介紹一下吧。

製造不會生鏽的鐵，一直是長久以來人類的夢想。十九世紀末，這個夢想終於實現了，那就是不經特別處理也不容易生鏽的金屬「不鏽鋼」。不鏽鋼是在鐵中加入鉻和鎳的合金。

不鏽鋼是因為在材料表面形成非常緻密的氧化膜，保護了內部，所以才不容易生鏽。

基於不容易鏽蝕的特性，因而廣泛普及於菜刀等廚房用

※9：舉例來說，鍋子等容器材料或鋁窗框等的建築材料即廣泛運用此技術。

具、汽車引擎到原子能發電設
施等。

日本硬幣使用的金屬

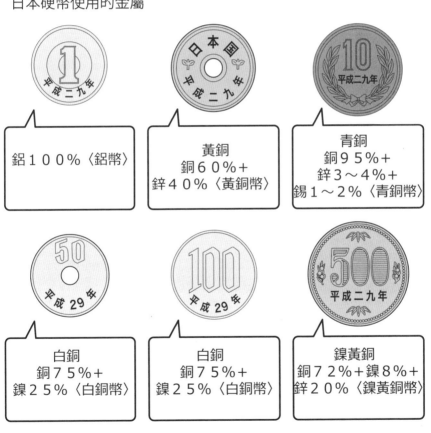

鋁１００％〈鋁幣〉

黃銅
銅６０％＋
鋅４０％〈黃銅幣〉

青銅
銅９５％＋
鋅３～４％＋
錫１～２％〈青銅幣〉

白銅
銅７５％＋
鎳２５％〈白銅幣〉

白銅
銅７５％＋
鎳２５％〈白銅幣〉

鎳黃銅
銅７２％＋鎳８％＋
鋅２０％〈鎳黃銅幣〉

22 「會隱形的原子筆」並不是擦掉墨水

從兒童的學習到商務工作，「會隱形的原子筆」已經成為大家的良伴。最近，利用同樣原理的橡皮擦上市，十分受歡迎。到底它的原理是什麼呢？

用摩擦熱讓墨水看不見的技術

以前的原子筆，一旦寫錯要修改十分花工夫，而魔擦原子筆等「會隱形的原子筆」的出現，讓原子筆也像鉛筆一樣，可以簡便使用。

以前的橡皮擦可將鉛筆附著的黑鉛剝離擦掉，但是，會隱形的原子筆並不是把墨水剝除擦掉，而是利用墨水因溫度變化而變成無色的特性，讓它「看不見」※1。

這種墨水利用特殊的微囊擔任色素的角色，囊中含有3種成分的組合，遇到溫度變化，就會變得無色（參照下頁圖）。

這種墨水的基本材料「Metamocolor※2」以前多用於各種製品的示溫劑，像是利用顏色變化，顯示啤酒或葡萄酒最可口時期的商標等※3。那麼，如何使溫度產生變化呢？

只要用原子筆尾端的專用橡皮擦拭，就會產生摩擦熱。

※1：當溫度達到高於室溫約攝氏六十五度時，特殊墨水就會消失無形，在常溫之下也能維持字跡消失的穩定狀況。
※2：墨水的名稱「Metamocolor」，源自於拉丁語 Metamorphose，原意有「變態、變身」的意思。
※3：也運用在小朋友洗澡時邊玩邊記憶文字的智能玩具上。

溫度達到約60度以上，超過設定的隱形溫度時，墨水就會變成無色。

由於墨水的特性關係，即使回到常溫，墨水的顏色也不會再出現，此外，也因為它並不是剷除墨水，所以不會像橡皮擦那樣擦出一堆橡皮屑。會隱形的原子筆墨水，可以在擦掉的地方複覆書寫，但是，由於它利用的是溫度變化，用的

紙也必須注意溫度。

用隱形原子筆書寫的紙，只要用包膜加工，字跡就會不見。但若夏季時如果放在車內，氣溫接近60度時它也會消失。反之，如果放在冷凍庫（負20度以下）中，筆跡有時會重新顯現。此外，這種原子筆不能使用在證書或簽名上，須特別注意。

隱形原子筆的墨水構造

A 發色劑（Leuco dye無色染料）
B 顯色劑
C 變色溫度調色劑

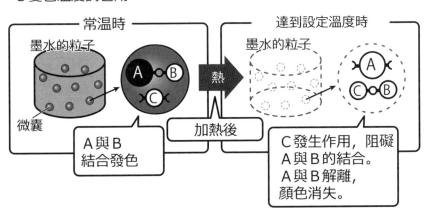

23 抗菌用品眞的有效果嗎？

最近，市面上經常可見以抗菌作為賣點的商品，這些「抗菌」產品究竟有什麼樣的效果，又有什麼優點或缺點呢？

什麼是「抗菌」？

抗菌顧名思義，就是「對抗細菌」的意思。

含有對抗細菌意義的詞，有殺菌（殺死細菌）、除菌（去除細菌）、滅菌（殺死或去除所有細菌，與殺菌意思相似），抑菌（抑制細菌增殖但不直接殺死細菌）等。

抗菌用品，是指在產品中添加了消毒劑或抗菌作用的物質，帶有微弱殺菌能力的物品。原本是在醫療上開發的產品，主要目的在防止感染。

抗菌用品受到矚目的爆發點，是因為O-157型腸道出血性大腸桿菌的流行。由於它在全國造成大流行，升高了民眾對除菌的意識，因此許多抗菌商品也應運而生。

「抗菌用品」只是個籠統的說詞，其實種類相當繁多，效果也高低不同。從具有所謂抑菌作用，能微弱殺菌的用品，到具有強大殺菌力的產品都有。種類也五花八門，有從樹脂提煉成分的物質、將該成分用於布料的物品，還有作成噴霧性類型等。

抗菌用品的優點

日常生活不時會因為細菌的繁殖，造成許多困擾，舉例來說，廚房流理台的黏滑就是細菌繁殖的結果，同時它也是臭味的來源。這時通常會使

用含氯的殺菌、漂白劑來清除細菌，只是氯系的殺菌劑作用力太強，高濃度會造成人體傷害，處理時要特別注意。

有些廚房用品、浴室用品本身就具有抗菌作用，讓使用者可以減少打掃的麻煩。這些用品藉由抑制細菌繁殖，達到防止氣味發生等的效果，最大的特色是塑膠等樹脂上加入抗菌成分，效果可以維持長久。

有些衣料也加入了抗菌作用。因為流汗之後產生的氣味，原因大多出自細菌繁殖。所以這類衣服具有抑制味道的效果。為了讓布料具有抗菌作用，有的會混入素材本身，有的產品會製成後再噴上抗菌成分。但反覆清洗後效果會減弱。

抗菌用品的缺點

我們身體裡日常便存在許多種類的細菌。就體內細菌來說，最為人熟知的就是腸內細菌。此外，細菌也會棲息在口

腔與皮膚表面，這些持久寄居的細菌叫做常在菌。人類按自身的觀點，將常在菌分為「好菌」與「壞菌」，好菌有助於維持健康，例如棲息在腸內的乳酸菌，就是大家都熟悉的好菌代表。

與抗菌用品有深切關係的細菌，並不是在腸內，而是皮膚上的細菌。據稱1平方公分的皮膚上有10萬個細菌。所以，某些抗菌用品的作用，可能連存在於皮膚上的好菌都殺死。平衡環境全靠正確比例的「好菌」和「壞菌」組合來實現。因而一般認為，若是過度使用藥用肥皂或殺菌酒精，有可能破壞皮膚菌叢的平衡，導致壞菌繁殖的危險。

人類在胎兒時期，體內只有極少量的細菌，但一出生後我們就開始與細菌共生，日常生活中，各種細菌漸漸的常駐在體內和皮膚上。

如果幾種細菌保持平衡，便會出現即使新細菌入侵也無法定居下來的狀況，這叫做拮抗現象※1。過度使用抗菌用品，平衡遭到破壞，反會有允許病原菌入侵的危險性。

此外，殺菌不完全，病原菌反而會對抗菌作用產生抵抗力，進而抗生素等也會難以產生效果。

抗菌物質真能殺菌嗎？

抗菌用品確實能殺死細菌，或弱化活性的效果。但是，因細菌系統有平衡環境組合要考慮，並不能按我們的需求，只殺死壞菌。研究者中也有人認為，抗菌用品不只無法

※1：此現象表示系統內的平衡遭破壞，因一種細菌的效應被另一種細菌所阻抑的現象。

令人安心，反而有害人體。

　　面對看不見的細菌，其實不必過度的恐懼，抱著一味殺菌的想法，而應該理解有益常在菌的存在，與它們和平共存。

抗菌用品連好菌都排除

24 紙尿布爲什麼吸滿水分卻不會漏？

充分吸收尿液，不會漏出的紙尿布，和維持女性正常生活的衛生棉，明明薄如毛巾，爲什麼卻能吸收那麼大量的水分呢？

紙尿布的構造意外複雜

吸收大量尿液卻不會漏出的紙尿布，大致可分成三層。

第一層是保護肌膚的表層。它使用吸水性、吸汗性佳的聚烯烴※1材料，不但能保持乾爽，而且具有尿液不回滲的功能。

第二層是完全吸收尿液的吸收體。吸收體中使用了「超吸水性聚合物」（Superabsorbent Polymer：通稱『SAP』），這個SAP正是紙尿布能吸收大量尿液的關鍵。

第三層是防水材質，它的設計可讓液體不外漏，只有排出濕氣。

支援育兒與老年照護的「高吸水性聚合物」是什麼？

尿尿不會漏的祕密在SAP。

SAP是織網細密的顆粒狀「功能性化學品」，能夠通過和水分子連接的氫鍵吸收溶液，因此能吸收100～1000倍於本身重量的水分。包住水分的大網在吸水之前，壓縮得非常小，開始吸收水分後慢慢膨

※1：聚烯烴和聚乙烯、聚丙烯等，都是由氫和碳構成的高分子化合物總稱。

脹，可以儲存大量水分。具有優於吸水性、膨潤性、保水性等特長。

此外，吸收的水（尿液）會與材料連結成水凝膠呈凝膠狀，水分被鎖在結構中凝固，即使壓住尿布也不會漏出來。

含有ＳＡＰ的紙尿布是從1980年代開始上市。以前一般使用的都是墊了厚棉的布尿布。膚觸感也不太好。ＳＡＰ的出現，製造出不但薄也好用的紙尿布，水分的吸水率也有了飛躍性的提高。

以前的尿布必須頻繁的更換，每次都得洗手，非常「麻煩」。ＳＡＰ一掃這些麻煩事，可以說它改變了尿布的歷史。

另外，生產ＳＡＰ的日本觸媒等幾家日本企業，在全球市占率超過40％以上，可以說日本的化學技術對世界育兒、照護有了卓越的貢獻。

其他日常可見的ＳＡＰ

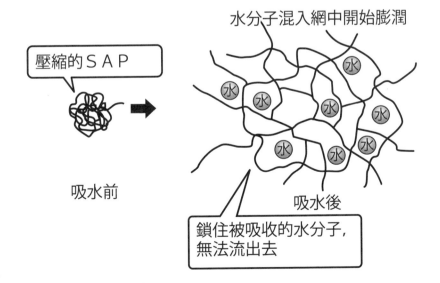

水分子混入網中開始膨潤

壓縮的ＳＡＰ

吸水前

吸水後

鎖住被吸收的水分子，無法流出去

除了紙尿布和衛生棉之外，ＳＡＰ也用在各式各樣的物品上。

例如冬天不可缺少的一次性暖暖包，暖暖包中的鐵粉和空氣中的氧互相作用而氧化，變成氧化鐵時產生熱量釋放到周圍環境，因而會變得暖暖的。為了促進氧化進行，會使用凝膠材料，其中就含有ＳＡＰ。

其他還有芳香劑、保冷劑、寵物用室內尿墊和貓砂。比較奇怪的還有使用ＳＡＰ的「砂包」，遇到災難時它可以吸水，快速膨脹使用。與用土壤製作的砂包相比，膨脹前薄又輕，所以可減少保管空間，成為它一大優點。

所以，ＳＡＰ是一種讓我們生活更加方便、舒適的物質。

紙尿布拯救沙漠化？

目前有研究正在利用這種ＳＡＰ的特性，幫助沙漠變成綠地。

ＳＡＰ只要1公克就能吸收1公升的水。因此，目前嘗試在植林的時候將它混入沙土，提高沙地的保水力。ＳＡＰ包含的水分不會快速蒸發，可以忍受沙漠的乾燥。

科學家也在ＳＡＰ中補充生物分解※2的功能，解決下一世代使用後的廢棄問題。

豆腐和蒟蒻都是ＳＡＰ的好夥伴

主要部分為水分，但能像

※2：生物分解，指的是在自然環境中，被微生物或酵素分解的特性。此外，也會將生物體內的高分子化合物分解、吸收，變成無機物。這不但能減輕環境的負擔，而且也有望成爲取代塑膠的材料。

固體一樣凝結的東西，我們叫做凝膠※3，像是ＳＡＰ的紙尿布吸收尿液一樣。

　　例如豆腐、果凍、寒天、蒟蒻等都是凝膠的夥伴。這些物質是由許多非常小的線狀物密集，形成網狀連結，看似網絡，網眼的空隙含水，形成固體狀。

　　此外，科學遊戲中經常使用的手作史萊姆，是在由線狀分子形成聚乙烯醇加入硼砂，在分子間搭橋結合※4，形成可鎖住大量水分的網子。

　　以下圖示都是構造相同的夥伴。

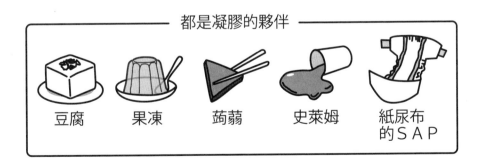

都是凝膠的夥伴

豆腐　　果凍　　蒟蒻　　史萊姆　　紙尿布的ＳＡＰ

※3：凝膠是固體的、類似果凍的材料，沒有流動性。
※4：此時鎖住水分同時結合，因此觸感介於固體與液體中間。

25　電子體溫計為什麼只要用幾十秒就能測出溫度？

從前用水銀體溫計測量體溫，需要花五分鐘以上，但現在只要幾秒到幾十秒就能知道結果，市面上還出現了一秒就能測出的商品。到底它們的差別在哪裡？

花5分鐘以上的「實測型」水銀體溫計

　　水銀體溫計的感應器在於尖端儲存水銀的部分。將體溫計夾在腋下，感應器的水銀加溫，指示溫度變會上升。溫度上升的速度，與感應器溫度和體溫的差距成正比。過了一會兒，溫度標示進入穩定狀態※1。感應器越接近體溫，溫度上升的速度就越慢，不過由於它必須實際接觸身體並與身體溫度達成平衡來測量，所以很花時間。

10秒～30秒「預測型」電子體溫計

　　打開電子體溫計的開關，夾在腋下，過了一會兒，嗶嗶聲響起。測量時間雖因機種而有所差異，但是大多只需要花10秒到30秒的時間。

　　電子體溫計的感應器安裝在體溫計的尖端部位，但是，幾十秒的測量時間，感應器的溫度並未到達體溫。顯示的體溫是從幾十秒間得到的溫度變化，由開發的軟體技術內嵌在溫度機中，經過精密和複雜的計算所求得的計算值。

※1：理論上，因為測量時間太短，感應器的溫度永遠也達不到與體溫一模一樣，但是，只要當感應器與所測物體溫度達到平衡而沒有變化時，就不會有訊號輸出，這時測到的溫度就是體溫。

實測型與預測型的不同

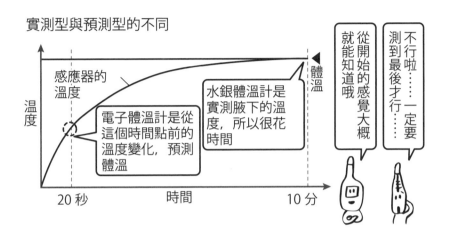

感應器的溫度

溫度

電子體溫計是從這個時間點前的溫度變化，預測體溫

水銀體溫計是實測腋下的溫度，所以很花時間

體溫

就能知道哦
從開始的感覺大概

不行啦……一定要測到最後才行……

20 秒　　　　時間　　　　10 分

最短 1 秒測得的非接觸體溫計

最近出現了靠在耳洞測量鼓膜和附近溫度的體溫計，或是對準額頭，只按一個鍵就能測量的商品。這些體溫計稱為非接觸體溫計，不用接觸皮膚，最短一秒就能測定。

我們的身體會散放紅外線，這種體溫計就是測量耳內鼓膜或額頭散發的紅外線強度，因為身體所散發的紅外線強度越高體溫就越高，由此來測量體溫，適合測量睡著的嬰兒或靜不下來的小朋友，十分簡便。

測定紅外線量的體溫計

從耳朵測量

從額頭測量

26 最近的抽水馬桶也會發電？

馬桶是生活中不可或缺的用具，每天一定會用到它。現在的馬桶十分聰明，早已是舊時代無法相比。究竟它凝聚了什麼樣的技術呢？

值得換購的性價比

家中的用水中，有四分之一的量用在廁所。一般家庭每天約要用掉250公升的水，其中有60公升以上從馬桶沖掉。也許你懷疑，真有用這麼多嗎？但即使如此還算是少的。

最早上市的水箱式抽水馬桶，水箱容量單次就達20公升，但是最新式的水箱，已成功的減少到3.8公升，令人驚訝。

為了能少量水沖洗乾淨，目前的主流是引起漩渦沖水，而不是直線式沖水。此外，馬桶表面也更加平滑，汙物不易附著，或是使用潑水性素材和表面處理。

屁屁洗淨功能的進化

洗淨屁屁功能現在已是馬桶的標準裝備了。廠商精密計算水的噴射與反射角度，噴到屁股的水不會流到噴嘴上，而且也不會流到前方。更厲害的還有噴出的不只是水流，而是水珠狀的水，或是一面移動絕佳範圍，一面洗淨，以精密計算過的功能，為使用者帶來舒適的享受。

如果到印度去的話，現在廁所都還設有水桶，用桶中的水清洗屁屁。最近，有些地方不再用水桶，而是從馬桶裡流出水來，不過還是要用手接水使用。這麼一想，日本馬桶的「命中率」實在了不起，可

馬桶洗淨水量比洗澡多

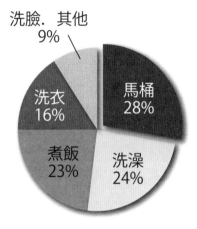

引用自東京都水道局調查（２００６年度）
「日本水資源現況. 問題」
國土交通省水管理. 國土保全局水資源部網站

沖一次水的大洗淨水量（升）
２０１２年現在（ＴＯＴＯ調查）

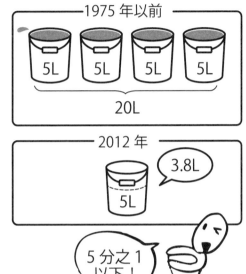

以說是完全符合人體工學的功能。

各種自動功能

　　除了洗淨之外，廠商也開創「個性化的馬桶」，共通點是「自動化」，馬桶蓋的開合、除臭、沖水等，全都自動化。所以，好像「只要坐上去就行了」。

　　這裡面包含了各式各樣的感應技術，像是依某種彈力，洗淨功能就開始運轉，而紅外線或壓力感應，則能檢測「有人坐在上面」。

　　過去的馬桶最會消耗多餘

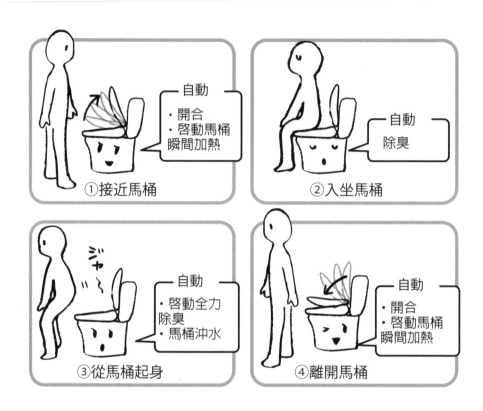

①接近馬桶

自動
・開合
・啓動馬桶瞬間加熱

②入坐馬桶

自動
除臭

③從馬桶起身

自動
・啓動全力除臭
・馬桶沖水

④離開馬桶

自動
・開合
・啓動馬桶瞬間加熱

電量的就是「便座加熱器」。按照統計，民眾在馬桶上停留的時間，四人家庭一天有50分鐘左右。這麼一想，我們只有一天的3.5％時間坐在馬桶上，但一天24小時便座都在加熱。

因此，廠商重新評估感測器、加熱器的技術，以及便座的構造，進而開發出入廁後僅僅6秒便能加溫到不感到「冷」

※1：與水力發電廠使用的原理相近，將水的運動轉換成電力。

的優秀技術。只有人在時加熱，所以大部分時間都在省電。

當然，洗淨屁股的水溫，也改成「瞬間加熱器」，並不是隨時都是熱水。

還能製造必要的電力

發動水流、啟動感應都需要用電。因此，研究人員把目光放在水力發電上。使用流進馬桶的水流，進行少量發電※1。目前已實用化，運用在廁所內的ＬＥＤ照明上。

近來，各家廠商為了推銷這類新功能，無不卯足勁在廣告競賽上。另一方面，馬桶所使用的陶器壽命可超過50年。

不過即使不斷演進，但馬桶畢竟不是經常需要更換的商品，所以，我們也要聰明的思考後再仔細選購。

27 「防霧鏡」爲什麼入圍諾貝爾獎？

浴缸或洗臉台的鋼子常因熱氣變白，十分不方便。有了「防霧鏡」就方便多了。防霧的構造究竟是怎麼形成的呢？

鏡子起霧的原因

浴室或洗臉台中，由於室溫比洗澡水的溫度低，肉眼看不見的水蒸氣一達到露點就會凝結，形成白色的霧氣。熱氣附著在鏡面上，進而冷卻時，形成細小的水滴結露，便成了起霧的原因。簡而言之，附著在鏡面上水滴會散射光而阻礙了鏡面清晰的反射。

既然鏡面起霧是冷卻的蒸氣水滴造成，只要加熱鏡子就能防止結露的發生。

加熱鏡面

加熱鏡面的方法，可在鏡子背面的全面或部分安裝加熱器。一般家庭的洗髮、洗臉化妝台，或是理美容院的化妝鏡都是採用這種模式。

但是，如果只安裝加熱器，邊緣一旦腐蝕或有傷痕，可能幾年後，加熱器就報銷了。因而，鏡子本身和邊緣、背面，最好是施作防腐、防濕加工，或選用耐腐蝕性強的用品。

表面加工的防霧鏡

另一種方法是在表面加工防止起霧，而不是在背面下工夫。這種鏡子就叫做「防霧鏡」。

它是在鏡子表面加上具有保水效果的特殊塗層或包膜，吸收水蒸氣，防止光的散射。

加溫鏡子

鏡子背面

加熱器

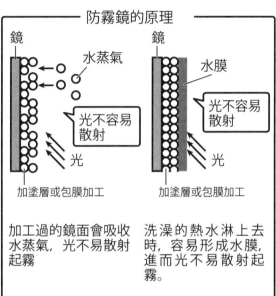

防霧鏡的原理

鏡　　水蒸氣

光不容易
散射

光

加塗層或包膜加工

加工過的鏡面會吸收
水蒸氣，光不易散射
起霧

鏡　　水膜

光不容易
散射

光

加塗層或包膜加工

洗澡的熱水淋上去
時，容易形成水膜，
進而光不易散射起
霧。

而且若是淋到淋浴的熱水，表面容易形成水膜，所以很難起霧。利用這種表面加工，很容易與水結合，親水性比較高。

游泳時使用的眼罩，起霧時淋上水除霧的原理也是一樣的，光線難以散射，就不會起霧。

另外，過了一段時間，水膜被沖掉，同時汙垢也會跟著一起沖走，可望達到「自我清潔的效果」。它能抑制水垢附著等造成起霧的原因，維持防霧的效果。

防霧效果運用在日常用品中

眼鏡、墨鏡，和水中使用的眼罩，它們的防霧劑都運用了水、酒精，和可去除汙垢、油漬的界面活性劑成分。也就

是說，只要具有上述的性質，就可以輕易獲得防霧的效果。

例如，使用廚房用洗潔劑、烏龍茶，其他像是酒精、肥皂、蛋白、文具中的漿糊、報紙（油墨的效果），也會達到同樣的成效。

對入圍諾貝爾化學獎「光觸媒」的期望

汽車車窗、大樓外牆等現在都使用光觸媒的超親水技術※1，來達到防霧和防汙的效果。

光觸媒的代表性物質，就是與氧結合的化合物——氧化鈦。氧化鈦接觸到紫外線時，結構因照到紫外線而產生改變，變得非常親水，滴到表面的少量水滴會因容易與水結合的特性而吸引水，讓水容易往四面擴散，薄薄平均的覆蓋到整個平面。因此，即使是強大氧化力無法分解的油汙，只要潑到水就會浮起來，簡單的沖刷掉。

而光觸媒技術，也是日本諾貝爾獎入圍者之一。

它不但能運用太陽光的能量，淨化空氣或水，還能殺死、抵抗病毒、細菌，產生綠色的氫氣燃料，蘊含了許多可能性。

※1：親水就是材料本身很容易與水結合。

光觸媒的原理

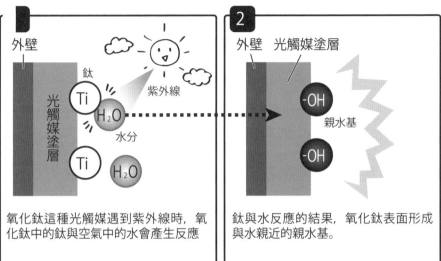

外壁　　鈦　　紫外線
Ti　H₂O　水分
光觸媒塗層
Ti　H₂O

氧化鈦這種光觸媒遇到紫外線時，氧化鈦中的鈦與空氣中的水會產生反應

2
外壁　光觸媒塗層
-OH　親水基
-OH

鈦與水反應的結果，氧化鈦表面形成與水親近的親水基。

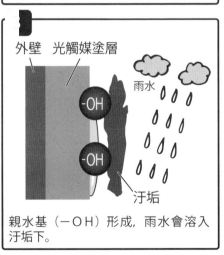

外壁　光觸媒塗層
雨水
-OH
-OH　汙垢

親水基（－OH）形成，雨水會溶入汙垢下。

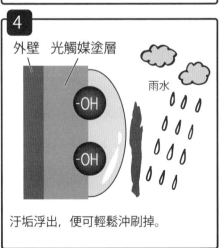

4
外壁　光觸媒塗層
雨水
-OH
-OH

汙垢浮出，便可輕鬆沖刷掉。

28 冒出碳酸氣泡的入浴劑有效果嗎？

洗澡時加一點入浴劑，就能輕鬆的在家裡享受溫泉氣氛。其中有些入浴劑會加入碳酸氣泡（碳酸入浴劑），因而成為人氣商品之一。它到底有什麼樣的效果呢？

入浴劑的歷史

日本是世界上數一數二的溫泉大國，從以前就將溫泉運用在治病和養傷上。此外，將藥用植物浸在洗澡水中的藥湯也十分盛行，即使是現在，都還保留著5月泡菖蒲湯※1，和12月泡柚子湯※2的風俗習慣。

將入浴劑當成商品販售始於明治時代，據說一開始賣的是配合幾種生藥的商品。

戰前，大多數家庭中都沒有浴池，絕大多數都是在錢湯等大眾澡堂才能使用入浴劑。但是，1960年以後，進入高度經濟成長時期後，家中浴室漸漸普及，入浴劑的需求也飛躍性的增加。

到了1980年代，廠商推出碳酸入浴劑，大受歡迎。碳酸入浴劑的溫浴效果高，有效紓緩疲勞、肩膀酸痛、腰痛、畏寒等症狀。

※1：菖蒲湯是指5月5日端午節那一天，將菖蒲葉和根煮沸加入澡缸洗澡。自古以來菖蒲就被視為去除邪氣的藥草，尤其是根部的精油有強烈的香味，具有促進血液循環和消除疲勞的功效。
※2：柚子湯是指冬至那天將柚子加在水中煮沸洗澡。柚子具有的成分有促進血液循環，人們用它預防感冒、畏寒的療養方式。

碳酸入浴劑可期待的效果和其機制

日本浴用劑工業會指出，入浴劑可分成6個種類：1無機鹽系、2碳酸氣系、3生藥系、4酵素系、5清涼系、6皮膚保養系。

人們對各種類期待的功效各不相同，如溫熱效果、洗淨效果、保濕效果、促進血液循環效果等。碳酸入浴劑的主要目的是促進血液循環。

碳酸入浴劑裡的二氧化碳，在促進血循上擔負了重要的角色。它的機制是這樣的。

首先溶在熱水中的二氧化碳從皮膚滲入體內，我們知道二氧化碳增加，身體會處於含氧量不足的狀態。因此，大量因血液裡有二氧化碳而刺激人體的新陳代謝機制，加速將氧氣送到細胞，將二氧化碳搬運到體外。結果，增進血液循環，因血液大量循環，加速血液中二氧化碳和氧氣的新陳代謝。

皮膚因為血液循環變好而發紅，而且，也促進了全身的新陳代謝，與在純熱水中泡澡相比，入浴後的體溫會維持在高溫。二氧化碳因而促進了我們的血液循環。

身體碰觸氣泡並沒有效果

請問各位，將碳酸入浴劑倒入洗澡水後，你會隔多久才開始泡澡呢？莫非很多人看到泡泡冒出來就趕緊進到浴缸裡了嗎？的確倒入入浴劑的那一刻，讓身體碰觸冒出的氣泡，不但舒服，好像也可以提高功效。不過很遺憾，這個方法是錯的。

如同前面的說明，為了讓身體吸收二氧化碳，必須把二氧化碳溶進熱水中。因此，直接碰觸二氧化碳的氣泡，並不會吸收它。

因入浴劑的冒出的氣泡含二氧化碳，必須等一段時間讓二氧化碳充分溶解在熱水裡。廠商表示，發泡結束後，二氧化碳還會持續1～2小時溶解的狀態。

不過，二氧化碳等氣體有個特性，如果熱水溫度高，就難以溶解。因此，在37～38度較適宜，亦即碳酸入浴劑要配合使用與體溫相近的溫水而非熱水來泡澡最有效果。二氧化碳在溫水中的效果，可以保溫身體，而且不會對身體造成負擔。

碳酸的濃度越高越有效

目前已知二氧化碳的濃度越高，促進血循的效果也越大。

實際運用在醫療方面的天然碳酸泉，每一公升溫泉裡溶入高濃度1000毫克（1000ppm）的二氧化碳，稱為「高濃度碳酸泉」。由於效果非凡，所以近年來，越來越多醫療中心引

剛泡入水中的狀態

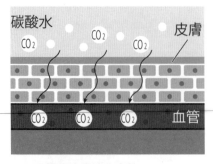

二氧化碳從皮膚滲入血管，
誤以為「氧氣不足」。

泡澡幾分鐘後

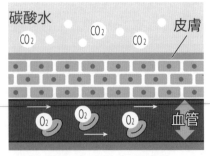

為了快速搬運氧氣，血流變多，
達到促進血液循環的效果。

進高濃度人工碳酸泉。

　　而在歐洲，特別是德國將碳酸泉稱為「心臟之湯」，將它運用在水療中，作為心血管疾病保險適用的治療。

　　遺憾的是，使用碳酸入浴劑無法達到這種濃度，一般測得的濃度不到100ｐｐｍ，不過倒也並非完全沒有效果。

　　只要多注意泡澡的時機和熱水的溫度，盡可能選擇二氧化碳濃度較高、標示「高濃度」的入浴劑，就可以提高效果。

29　體脂肪計在剛洗完澡時會出現誤差？

與過去相比，現在的數位體重計和體脂肪計聰明了很多。到底它是如何測量的呢？此外，它的數值可以信任嗎？

彈簧或與數位式的差別

從前彈簧式體重計的原理是用內藏的彈簧彎度來測量體重，並不需要電池，但是必須不時修正。如果站得太邊邊，體重顯示得比較少，所以，也許有人還記得，在學校裡量身高體重時，會因為站的位置不對，或是踮腳尖而被老師斥責。

現在普及的數位式體重計，是感知重量在金屬框架造成的歪曲來測量。框架上有感應器（秤重傳感器 load cell ※1），微電腦會從它的歪曲變形數據算出重量。有些機種的體重計還能記憶數據。

脂肪和肌肉的量如何測量？

最近的體重計越來越進化，有些還能顯示體脂肪計和肌肉量。這些機種稱為體脂肪計或體組成計，與單純測量體重的體重計並不相同。

體脂肪計或體組成計在相當於腳底的位置裝置了金屬墊片，會有微弱的電流通過。於是它就能測出流過的電流量，與流出電量的差距（秤電阻）。

※1：秤重傳感器是利用歪曲時電阻抗會變化的原理，從抵抗的強度，可以算出重量。

脂肪的特性就是電流不易通過，電流較易通過脂肪少的身體，不易通過脂肪多的身體。於是，體脂肪計就可測量出電流流過身體的方式。相反的，肌肉是電流容易通過的部位，同樣的原理便可測量出骨骼肌的比率，這是因為脂肪與肌肉對於電流的等校電阻不同所致。

使用體脂肪計或體組成計之前，都必須輸入個人的性別和身高，這是因為它內部有軟體會依據性別和身高，計算電流流過身體的路線與電阻，並且加以修正。

有些機種可以設定使用地區，由於越接近赤道，受到地球自轉的離心力影響，體重會越輕，因而設定地區有弭平這種地區差異的意義※2。

某些人不可使用

體脂肪計或體組成計如此方便，但您知道有些人不可以使用嗎？

由於這類機器會在體內通過極微弱的電流，有引起心律調節器失靈的風險，因此呼籲，身上裝有埋入型醫療器材的人，最好不要使用※3。另一方面，孕婦使用上沒有問題。

為什麼剛洗完澡不能測？

對了，各位大多是在什麼時間測量體重呢？

我想，洗完澡一身清爽時量體重的人應該不在少數吧。但是，體脂肪計和體組成計是用「電流通過難易度」來計測，也就是身體對於電流的等校電阻來計算，等校電流會受體內的水分量和體溫所影響，

※2：舉例來說，北海道體重８０公斤的人，在沖繩測量會輕１００克。
※3：只有體重測量功能的話，因為沒有電流通過，所以沒問題。

進而影響電流通過身體的電流量，造成不精確，因此剛洗完澡時身體的體溫高和水分多時就不太適合使用體脂計。

人體內的水分會受飲食、生活的影響，變動很大，這叫做周日變化。比方說，睡覺時因為出汗等因素，清晨身體水分排出，量體重時會比較輕，但是體脂肪率卻會變高。飯後體重雖然增加，但因為水分的關係，體脂肪率卻顯示較低等。數值會不斷變動。

廠商建議，最好是在晚飯前的傍晚時刻測量。盡可能每天養成習慣，在同一時間測量——像是每次洗澡前等，條件齊備再測量就行了。

另外，測量值也會按機種而有所差距，所以，也許在外面測量時比平常增或減，弄得心情時樂時憂，並沒有什麼意義。在同一台機器持續的測量，掌握傾向作為大致標準為宜。

●體脂肪計與體組成計正確測量的重點：

1. 飯後 2 小時後再量
2. 測量前先排尿排便
3. 避免運動之後測量
4. 避免在脫水或浮腫時測量
5. 避免在氣溫太低或體溫低時測量
6. 避免在發燒時測量
7. 原則上泡完澡後避免測量

（引用自塔尼塔官方網站）

濕答答

咦？剛洗完澡不能測量嗎？

30 發熱衣那麼薄爲什麼穿了卻很暖？

11月～3月已是日本固定的「暖氣共享」期間，但是穿得厚墩墩實在很麻煩。近年來推出了很多輕薄暖和的素材，它的原理是什麼呢？

吸收人體散發的水蒸氣，送出熱量

發熱衣使用的是一種「吸濕發熱纖維」素材，它是用嫘縈、壓克力、聚酯纖維等纖維或布料組合製成，這種吸濕發熱纖維會吸收汗等水分來發熱，大型纖維廠商製造出來後，優衣庫及大型超市各以自己的品牌發售。此處以heattech這品牌的發熱衣為基礎來說明。

人體隨時會散發水蒸氣，以成年男子來說，每天皮膚會散發0.55公升左右。這與運動時或夏天炎熱時流出的汗水不同，是自然散發出來的，我們感覺不到。

當身體濡濕時，水分蒸發時身體的熱量會被吸收，因而我們會覺得涼涼的（或者寒冷）※1。相反的，當水蒸氣變成液體的水時，就會向周圍散出熱量※2。

Heattech品牌的發熱衣布料吸收從人體皮膚散發出來的水蒸氣，然後氣態水蒸氣凝結變成液體的水，會產生熱量散出。總之，它是吸濕性高的纖維，所以才叫做「吸濕發熱纖

※1：液體變成氣體時，從周圍吸收的熱叫做「氣化熱」。液體蒸發需要熱能，這些熱量會在液體接觸時被吸收。身體如果一直濕濕的會感冒，就是因爲氣化熱吸收了體溫。
※2：氣體變成液體時放出的熱叫做「凝結熱」。

維」。

相對的，因為吸濕性高，不容易鎖住皮膚水分，所以容易引起皮膚乾燥，因而成為皮膚粗糙或發癢的原因。敏感肌膚或乾燥肌膚的人，最好使用棉料等天然素材的內衣。

此外，由於這種素材不易乾，所以不適合在大量流汗的運動時穿著。

接著考慮保溫的問題，因為身體發熱所散發出的熱量或吸濕發熱而加溫的空氣，必須「保持（保溫）」，因此需要讓空氣不容易移動和逸散。

以羊毛衣為例來說明，羊毛的熱傳導率低※3，因此這種纖維較能隔絕寒氣，細毛會儲存人體所加溫的周遭空氣不逸散，也就是保持體溫的效果高。因此，毛衣網眼中體溫加

保溫效果空氣很重要

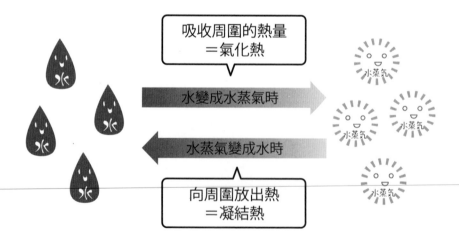

吸收周圍的熱量
＝氣化熱

水變成水蒸氣時

水蒸氣變成水時

向周圍放出熱
＝凝結熱

水蒸気

※3：熱傳導率是標示熱在物質傳傳導時的速度。不易加溫、不易變冷叫做「熱傳導率低」。

溫的空氣包覆了身體，隔絕了外面的冷空氣。

羽絨衣使用的水鳥羽絨或羽毛，在細小的纖維間空隙，含有大量的空氣。羽絨外套的布料含有的空氣比例高達98％以上，所以隔熱保溫性佳。

Heattech是在嫘縈※4外側搭配極細加工的亞克力纖維（腈綸）。腈綸由極細的線織成，只有頭髮的10分之1。使用這種腈綸材質，就能讓纖維之間形成的空氣袋（空氣層）變大。空氣袋因能高效率保存體溫加熱的空氣而發揮隔熱效果，讓體熱和吸濕發熱產生的熱無法逃逸到外面。

纖維廠商陸續開發、進化新素材，讓我們在「暖氣共享」期間可以更加舒適。

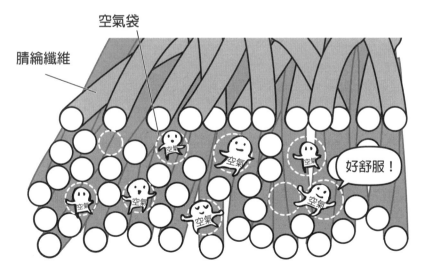

※4：接觸皮膚面的膚觸與棉質相同，搭配了比棉質吸濕力更高的嫘縈。

第四章
「健康‧安全管理」
拾手可得的科學

31 紫外線有助於鈣的吸收？

紫外線有引起皮膚粗糙或皮膚癌之虞，所以很多人都視它為有害的物質。但是，其實並不是絕對如此。我們就來看看它的優點和缺點吧！

紫外線是什麼？

我們每天都會看到各種各樣的光，有些光眼睛看得見（可見光），有些光看不見（不可見光），所有的光都是「電磁波」的一種，肉眼看得見的光從紅色到紫色。比紅色的波長更長的緩和的波，與比紫色的波長更短的波光，肉眼是看不見的。

紫外線是比紫光的波長更短的電磁波形成的不可見光，晴天時，紫外線會從太陽大量的照射到地表，越是低緯度、接近赤道的地區，越會接受到大量的紫外線。紫外線大多被地球的大氣層吸收，但某個程度會到達地表。

紫外線為人類帶來兩個效果。

第一，為核酸※1等帶來化學變化的效果，對生物造成不

電磁波的種類

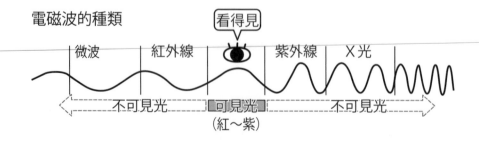

良的影響。

第二，在皮膚內產生維生素D的效果。維生素D是人體不可缺少的營養素。

紫外線的這些效果，以各種形式與我們的生活產生關連。

傷害DNA

我們身體所含的物質一旦吸收了紫外線，就會因結構被破壞而失去原本的功能。DNA遭受紫外線照射後會發生變化，DNA所含的基因有可能失去作用，或是轉變成其他的功能。如果只是少量的紫外線，DNA可以修復，並不會有太大問題。但是照射量太多的話，目前已知道會在體內引起發炎、細胞死亡、癌化等影響。在這個意義上，對人類而言，紫外線是個頭痛的傢伙。

皮膚粗糙與引發疾病

決定人類膚色的要素之一是黑色素※2，黑色素位在皮膚的表面附近，具有吸收紫外線，避免它穿透到皮膚內部的功能。

皮膚曝曬在紫外線下，會成為一個刺激，合成更多黑色素，讓膚色變深。這就是「曬黑」。曬黑可以說是減少紫外線穿透皮膚內部所帶來的效果。

「曬黑」還有另一種紅腫的類型。這是紫外線照射下，皮膚下層血管發炎所產生的。

此外，皮膚內部的膠原蛋白等，長時間曝曬在紫外線下

※1：核酸是指生物細胞中含有的DNA和RNA。DNA擔負著基因的資訊，是十分重要的物質，主要存在於細胞的核心。RNA是DNA運作時必要的物質。
※2：黑色素是皮膚表面附近、毛髮、眼睛的瞳孔（即所謂「黑眼珠」的部分）所含有的深褐色色素。皮膚、毛髮、瞳孔的顏色，會視「人種」或個人而不同，這是因為黑色素量不同的關係。

會產生變化，可能成為皮膚彈性降低，眼睛細胞變質，引起視野混濁白內障的原因。

市售的防曬用品是藉由吸收或反射紫外線，達到減少紫外線曬到皮膚的效果。此外，太陽眼鏡也有防曬的效果，不妨善加應用。

製造維生素D

鈣是現代人經常缺乏的營養素之一。鈣在維生素D的幫助下才能被身體吸收。而維生素D的生成與紫外線有著密不可分的關係。

我們皮膚表面的膽鈣化醇※3，經過紫外線照射後，會轉變成維生素D，維生素D有促進鈣質吸收，提高血液中鈣離子濃度的功能。嬰幼兒時期如果維生素D不足，有可能導致骨骼發育不全（即「佝僂

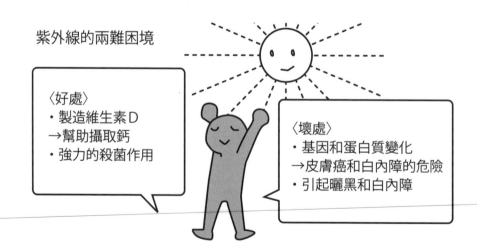

紫外線的兩難困境

〈好處〉
・製造維生素D
→幫助攝取鈣
・強力的殺菌作用

〈壞處〉
・基因和蛋白質變化
→皮膚癌和白內障的危險
・引起曬黑和白內障

※3：膽鈣化醇的形態與維生素D十分相似，但是這種物質並不具有維生素D的功能。它存在於金針菇等食物中，有些會在體內由膽固醇轉變而成。

症」），或成人骨質疏鬆症的原因。總而言之，若要骨骼強壯，就必須適度的曬太陽，讓太陽中的適量紫外線照射在皮膚，皮膚自發產生維生素D來促進鈣質吸收。

為了從紫外線獲取維生素D，一天所需要曬太陽的時間不用太長。根據環境省推出《紫外線環境保健手冊》，在日本平均攝取飲食的人，每天只要兩隻手背的面積曬15分鐘太陽，或者在日蔭處待30分鐘左右就足夠了。

強大的殺菌效果

紫外線還有其他好處，那就是強大的殺菌效果。

因為物質一旦吸收了紫外線，結構就會被破壞，亦即細菌照射紫光會被殺死。所以將洗好的衣服或棉被曬在太陽下，就可消滅大多數附著的細菌。時間只要1小時到2小時左右就能充分發揮效果。建議在太陽昇高、紫外線量最多的12點左右曝曬。

也許有不少女性認為「紫外線對皮膚有害」，不過還是希望大家聰明的運用紫外線哦。

32 營養飲料有多大的效果？

日夜疲勞累積，終於到了極限地步。這種時候最想來一瓶營養飲料吧。市面上的營養飲料種類繁多，究竟它有什麼效果呢？

營養飲料‧能量飲料

最近在便利商店就能買到形形色色的營養飲料，上面大都寫著「滋補強健」、「虛弱體質」、「身體疲勞」、「病後體力下降」、「食欲不振」、「營養障礙」等效用。因為種類五花八門，一時很難選擇。如果分類的話，大致可以分成兩種類型。

那就是受藥事法管制的「醫藥類營養飲料」與受食品衛生法管制的「非醫藥類營養飲料」兩種※1。由於規定放寬，所以在便利超商也買到各種各樣的營養飲料。

這裡我們就來看看「身體疲勞」時使用的營養飲料吧。

營養飲料必定含有維生素B

許多營養飲料都有個共通性，那就是飲料的顏色是螢光黃色，飲料瓶也是暗褐色。這有什麼意義嗎？

我們先來看看飲料的成分吧。

不論哪一種營養飲料，一定含有「維生素B群」。以營養和健康的角度來看，維生素B群對於細胞代謝有著重

※1：所謂藥事法，是確保有關醫藥品、醫藥部外品、化妝品、醫療機器等四種的安全性、對人體有效性所定的法律。正式名稱為「醫藥品、醫療機器等品質、有效性及安全性之確保等相關法律」。

要的作用，因維生素B群有助於代謝攝取的醣類和蛋白質。此外，它也是製造紅血球的必要角色。含有多量維生素B群的食物，有豬肝、鰻魚。這些都是疲勞過度時習慣攝取的食品，所以可想而知。

那麼，為什麼瓶子的顏色是褐色的呢？其實維生素B群一遇到光就會分解。所以必須放在褐色的瓶中，褐色的瓶身會吸收大部分光線，因此可以隔絕光害，讓瓶內裝的藥品不致遇光劣化。

維生素B群還有一個特性，就是容易溶於水，因維生素B群是水溶性維生素。

一個人一天需要的維生素B群量大概是幾十毫克。身體所需的維生素B的來源是透過攝取食物，所以若喝多了營養飲料的話，很多會變成過度攝取。雖然這樣卻並不會產生什麼副作用，因為它容易溶於水，會溶在尿液中排出體外，所以喝完營養飲料後，尿色會變得澄黃就是這個原因。

去除疲憊的咖啡因

喝杯咖啡，驅除睡意。這種經驗誰都有過吧。因為大家期待的是咖啡中所含咖啡因的效果。而營養飲料也包含了咖啡因。

雖然大家對咖啡因都很熟悉，但是還是必須注意幾點。

我想，應該有人小時候第一次喝咖啡，整晚睡不著的經驗吧。咖啡因雖有各種作用，但以清醒作用、強心作用、利尿作用、解熱鎮痛作用※2最有名。

※2：許多感冒藥中也含有咖啡因，以期達到解熱鎮痛的作用。

營養飲料為了提高清醒作用和強心作用而添加咖啡因。睡醒、意識清晰、興奮等叫做「清醒」。對疲憊的身體確實有效，不過咖啡因是一種提神興奮劑，能暫時地驅走睡意並恢復精力，但效用並不能持久。

咖啡因攝取過量危及生命

最近在新聞報導中經常聽到「疑似喝過多營養飲料而死亡」的新聞。

問題的癥結在「咖啡因」的攝取量。

一瓶營養飲料的咖啡因含量並不會致命，但是，短時間內喝了好幾瓶，或是與打消睡意用的咖啡因錠劑合併使用的話，就會攝取過度，陷入危險。

攝取咖啡因也有一定的成癮性，大劑量的咖啡因是一種毒品，在統計上，咖啡因只要一次攝取1公克以上，就會出現中毒症狀，像是噁心、暈眩、心跳加快等。1杯咖啡（200毫升）所含的咖啡因為120毫克左右，所以1公克大約要喝8杯咖啡的量。此外，錠劑中的咖啡因含量是咖啡的好幾倍，所以應特別注意。

很多人工作忙碌，幾乎天天都沒有休息機會。但還是不要依賴營養飲料，好好休息，讓體力自然恢復才是最好的方法。

含咖啡因的主要產品或飲料

	每錠或每瓶的咖啡因含量		1 g 咖啡因的相當量
▼ 提神藥（第3類醫藥品）			
Tomerumin	🫘🫘🫘🫘🫘🫘🫘🫘🫘🫘🫘🫘🫘🫘🫘🫘🫘	167mg	6顆
Estaron Mocha	🫘🫘🫘🫘🫘🫘🫘🫘🫘🫘	100mg	10顆
▼ 提神飲料（清涼飲料水）			
強強打破（50mL）	🫘🫘🫘🫘🫘🫘🫘🫘🫘🫘🫘🫘🫘🫘🫘	150mg	6.7瓶
MEGASHAKI（100mL）	🫘🫘🫘🫘🫘🫘🫘🫘🫘🫘	100mg	10瓶
▼能量飲料			
魔爪（355mL）	🫘🫘🫘🫘🫘🫘🫘🫘🫘🫘🫘🫘🫘🫘	142mg	7瓶
紅牛（185mL）	🫘🫘🫘🫘🫘🫘🫘🫘	80mg	12.5瓶
▼ 嗜好飲料（２００ｍｌ）			
咖啡	🫘🫘🫘🫘🫘🫘🫘🫘🫘🫘🫘🫘	120mg	1.7升
煎茶	🫘🫘🫘🫘	40mg	5升

咖啡因含量依據產品附帶文件、
成分表及日本食品標準成分表２０１５年版。

33 氫水只不過是一般清涼飲料？

氫水（有氫氣溶解的水）經過口耳相傳，據說有「對代謝症候群有效」「有減肥效果」「有助減少皺紋」等，它真的那麼有效嗎？

將氫分子溶在水中的氫水

氫水就是把氫分子※1形成的氫氣溶入水中的水。在鋅或鐵中加入少量的鹽水，就會發生化學反應而產生氫氣。它的性質在國中理科中都會學到。

氫在氣體中最輕，會在空氣中燃燒變成水，也具有很難溶於水的特性。所以，氫水只能溶入很少量的氫。

氫水之所以受到矚目，源自於一篇發表的研究，它指出「氫氣能有效去除有害的活性氧」。

這項研究以老鼠作為實驗動物，發現氫具有去除活性氧的物質（此物質指的是羥基，活性氧與羥基會結合，便可去除活性氧。）。

雖然可以用吸取氫氣的方法來攝取氫，但是溶在水中比較簡單，因此大型飲料廠也開始販賣氫水，一時蔚為話題。

沒有數據顯示有效性

國立健康營養研究所在它的官方網站提供了【「健康食品」素材資訊數據庫】。收集了目前所能得到具科學根據的安全性、有效性的資料。

※1：氫分子是由兩個氫原子組成的氣體，氫原子在原子當中算是非常小、非常輕的原子。溶在氫水中的氫分子隨著時間一長，很容易逃逸到空氣中，這也是它的一大特點。

該數據庫在2016年6月10日增加了「氫水」的資料※2，內容大致是當前氫水與健康相關的精確評價。

細節可自行上網查看，它指出沒有充分的數據證明，現下街頭巷尾討論的使用氫水來達成「去除活性氧」「預防癌症」「減肥效果」等，用在人身上有效，且足以信賴，所以氫水對人體的效用還值得再商榷。

說來說去只是補給水分的選項

根據醫藥品醫療機器法（藥機法）的規定，禁止飲料或食品宣揚健康效果，某個程度許可特定保建用食品或機能性標示食品的標示。但氫水是一種清涼飲料非藥品，因此，

並不能宣揚它對人體有醫療性的效果或效能。

舉例來說，販賣氫水的大廠伊藤園，它的官方網站就登出了氫水的問與答。其中一條寫道：

Q：為什麼銷售氫水呢？
A：銷售氫水是為了給民眾補充水分的另一個選項。

從這裡就可以知道，伊藤園只把氫水當成不宣揚效果、效能的清涼飲料水之一。

但是，國民生活中心呼籲大家注意，氫水多有醒目的違法標示或廣告，因為它不只宣揚健康功效，有些產品根本檢驗不到氫分子。

體內會製造大量的氫

※2：http://hfnet.nih.go.jp/contents/detai132591ite.html。

我們身體中平常就會製造出大量的氫，是由大腸的氫產生菌※3所製造的。大腸裡的腸內細菌，每年都會產生7～10公升的氣體。除了變成屁排出體外，大部分都會被身體吸收，進入血液循環。其中氫分子至少有1公升以上吧。

喝1公升的氫水，可攝取的氫也只有數十毫升左右，所以，身體平常製造出來的氫氣都遠比喝氫水得到的氫氣多得多了。因此，喝氫水所攝取的氫量，只是誤差範圍內。

另外，據說每天會排出400毫升～兩公升的屁。屁中含有10～20％的氫。在屁的成分中只比氮少，排名第二。

※3：氫產生菌便如其名是生產氫的細菌。

30 殺蟲劑、防蟲劑、除蟲噴劑對人體無害嗎？

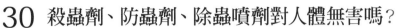

殺蟲劑、防蟲劑、除蟲噴劑功效卓著，雖然令人快慰，但相反的，也會擔心它對身體是否有害。我們就來看看它的安全性和應該注意的事項吧。

殺蟲劑、防蟲劑、農藥並不相同

撲滅害蟲（以昆蟲為主的動物）的藥劑中，使用在農作物上的稱為農藥，殺死蒼蠅、蟑螂等害蟲（衛生害蟲）的稱為殺蟲劑（防疫用殺蟲劑）。農藥的效果強，因此有害性也強。

另外，防蟲劑是防止害蟲所使用的藥劑，主要用於防止衣物上的防蟲。

農藥的成分

第二次世界大戰之後，廣泛將有機氯劑※1作為農藥使用。它毒性很強，日本到了1970年代幾乎全面禁止使用。現在普遍使用的是有機磷農藥，這是一種可阻礙神經傳導的藥劑。

由於它對人體也有影響，在噴灑時必須戴面具和手套。但它分解較快，因此在計算出貨時濃度降到安全值以下的狀態使用。

即使吸入殺蟲劑也會排出體外

家庭用的殺蟲劑主要使用

※1：含氯的有機化合物，如ＤＤＴ（雙對氯苯基三氯乙烷）等。由於它的特性是毒性強，會在人體累積，所以禁止製造、使用。

的是含除蟲菊成分為主而開發的除蟲菊精類※2藥劑。

殺蟲劑一噴，昆蟲立即死亡，這麼高的功效不禁讓人懷疑，人、家畜或寵物會不會受到影響。但是，哺乳類的體內含有可分解除蟲菊精的酵素，即使吸入，酵素會與除蟲菊精中的成分鍵結，而將除蟲菊精分解，然後在哺乳類動物的體內會經由肝臟代謝再從腎臟排除，很快就會分解排出體外。但是，它對爬蟲類和魚類等寵物還是有害，必須特別小心。

經常用於衣物防蟲的藥物，有樟腦※3、萘、對二氯苯等。它們都有強烈的氣味，不至於誤食，不過，如果經口攝取，對人體會有危險。所以務必保管在小孩或嬰兒不會碰觸的地方。

3種除蟲劑與有效性

多數除蟲噴劑使用了待乙妥（DEET）的成分。待乙妥原本是美軍開發的產物，適用於叢林戰中預防瘧疾感染的除蟲成分。

日本市面上的除蟲劑，待乙妥的濃度大多在5％上下，但近年也有濃度高達12％或30％的產品。濃度高的待乙妥產品，對一般驅蟲劑無效的溫帶臭蟲、蜱蟲、恙蟎等都有效。

待乙妥發揮強大的除蟲效果，是因為它的成分會讓蚊蟲不喜愛這種化學物質的味道而達到驅蚊的效果。待乙妥不是殺蟲劑，它的特色終究只是讓害蟲無法靠近的防避劑。

※2：除蟲菊精類殺蟲劑如蚊香、殺蟲噴霧等都是。
※3：樟腦是以樟樹為原料製作的精油。它會釋放蟲類討厭的氣味，也有鎮痛和清涼感等效果。因此也用於芳香療法、芳香劑或強心劑。

不過，待乙妥刺激性強，長時間連續使用會引起皮膚炎。選擇濃度低的產品給小孩子使用，不要使用噴霧劑※4。最好是成人沾在手上再塗在小孩的皮膚上。

2016年開始，發售刺激性低的新藥劑——埃卡瑞丁（派卡瑞丁）。小孩子也可以使用這種藥劑。

此外，除蟲劑也有使用芳香精油等天然成分，用於除蟲的芳香精油，是從植物中抽出它自己製造蟲類討厭的芳香成分，以保護自己不受害蟲攻擊。眾所周知檸檬醛或香茅醛等都是有效成分。但有些產品對蚊蟲或蜱蟲等害蟲也沒有效果，必須注意。

除蟲產品的包裝標示了適用的蟲類和效果，請仔細確認再購買。

※4：使用氣體噴出霧狀藥劑的產品。使用時，小孩無法閉氣，很容易把藥劑吸進體內。

35 「混用有危險」如果混合的話會怎麼樣？

有些家庭用的洗潔劑和漂白劑上會標示「混用有危險」。這些是什麼樣的製品？此外，到底是什麼樣的危險呢？

標示「混用有危險」的洗淨劑有哪些？

家庭用的「洗潔劑」在日常生活中許多不同場合都會用到，為我們舒適清潔的生活擔起重要的角色。洗潔劑分成鹼性、中性、酸性等種類，漂白劑依所含成分可分為有氧系和氯系兩種。

現在，家庭用的洗潔劑、漂白劑都會貼上「混用有危險」的標籤。這個警語起因於1987年發生的一起事故，當時日本德島縣的某位家庭主婦，在廁所中使用含鹽酸的洗潔劑時，又加入氯系的漂白劑，兩種藥品混用的結果，窄小的廁所中產生了大量危險氯氣，導致該名主婦中毒身亡。

事故發生的第二年起，政府明令要求廠造必須添加「混用有危險」的標籤。但是後來還是屢屢發生事故※1。

什麼樣的組合會有危險？

那麼，漂白劑和洗潔劑怎麼組合才會產生危險呢？

氯系的漂白劑中含有氯化合物——次氯酸鈉，次氯酸納是一種不安定的物質，很容易

※1：2016年長野縣某小學發生游泳池機械室產生氯氣的意外。當時有人誤將汙垢凝結劑倒入游泳池消毒殺菌劑的容器中。凝結劑是酸性，因而產生氯氣。

放出氯氣。它通常呈現鹼性，以保持安定。

氯系漂白劑接觸到要漂白的物質時，便會緩緩放出氯氣，而該物質便因為這個作用而得到漂白。

但是，如果它與酸混合，就會立刻產生氯。在德島發生的意外中，因為洗潔劑中所含的鹽酸與漂白劑的次氯酸鈉發生反應，於是就在短時間內產生大量的氯氣。※2

由此可知，鹽酸等酸性物質與氯系漂白劑混合，因酸液中氫離子和氯離子起了化學作用，就會產生氯氣。檸檬酸、醋酸等日常可見的酸也一樣會產生反應。

氯系漂白劑與酸性洗潔劑（不只含鹽酸成分的產品，含檸檬酸、醋酸等都算）絕對不可混用。即使沒有同時混合，也嚴禁接連噴灑。兩者都必須單獨使用。

另外，廚房中使用到的排水口清潔錠，也應單獨使用。這種清潔錠屬於氯系藥品，不論與酸性或鹼性藥品混合都會產生氯氣，使用時務必小心。

實際混用會變成這樣！

我們做個實驗，將含有鹽酸的馬桶清潔劑，與氯系漂白劑混合，實際看看會有什麼結果。

為防止氯氣產生的狀況，所以實驗會在通風良好的寬敞室外進行。混合的藥劑量極少，每一種各約10毫升。另外使用氟化鉀澱粉試紙來測量氯氣的濃度。這種試紙可依顏色的深淺來檢驗氯的濃度。

※2：氯具有強大的殺菌力，可用於自來水或游泳池的消毒。以前常有人說自來水有氯味，這種氣味的來源就是次氯酸鈉。

實驗結果，才15秒鐘試紙就變成藍色，然後漸漸變深，到2分鐘時，已變成完全的深藍色。將不可混用的藥品混合後，會立刻產生氯氣，明白的告訴我們十分危險。

此外，不用我們多說，這項實驗非常危險，千萬不要模仿。

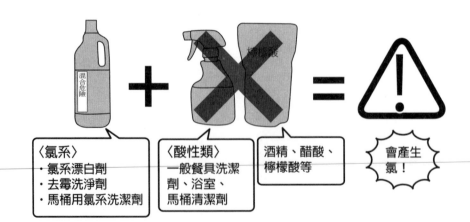

〈氯系〉
・氯系漂白劑
・去霉洗淨劑
・馬桶用氯系洗潔劑

〈酸性類〉
一般餐具洗潔劑、浴室、馬桶清潔劑

酒精、醋酸、檸檬酸等

會產生氯！

36 感冒藥不能消滅病毒或細菌嗎？

藥房賣的「感冒藥」叫做綜合性感冒藥。這種藥與醫院開的藥或疫苗，在效果上有什麼不同呢？

「感冒」這種病並不存在

說起來，感冒※1到底是什麼？其實，並不存在感冒這種「疾病」。感冒的正式名稱叫做「感冒症候群」，是按症狀組合所取的名字。

在醫生的病歷簿上，會依症狀寫為「急性鼻咽炎」「急性咽喉炎」「上呼吸道炎」等病症。但這些畢竟都是症狀，感冒的原因大多還是腺病毒、克沙奇病毒和流感病毒等各式各樣的病毒。但是，外行人不太會區別病毒與細菌的感染症狀，務必特別小心。

感冒藥只有對症下藥

藥房賣的綜合感冒藥，是搭配具有各種效果的藥劑，內容可見下頁的圖。每一種都是緩解症狀，算是「對症下藥」，並不能真正擊退根本原因的病毒或細菌。

在醫院裡會從症狀或是病毒、細菌的快篩，了解造成疾病的病毒或細菌。如果原因出在細菌，就會醫生就會開阻礙細菌增殖的抗生物質※2。

※1：所謂的感冒，是指表現出打噴嚏、流鼻水、發燒、倦怠等症狀的急性呼吸系統疾病。可分為普通感冒和流行性感冒（流感）。
※2：例如A型 β 溶血性鏈球菌的感染症，就會投以盤尼西林類抗生素（抗菌藥）、第三代頭孢烯類抗生素，如果是黴漿菌感染，就會給予巨環類抗生素。

綜合感冒藥的內容

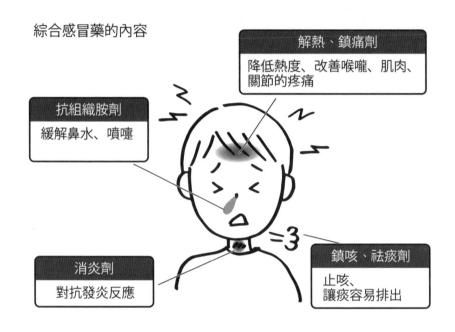

細菌原本會自己增殖，但因抗生素會抑制其它種類微生物的生長，阻礙它的進行，所以能抑制症狀，治好疾病。

此外，開抗生素時，務必按照醫生規定的藥量和次數，將藥吃完。如果因為症狀緩和就不服用的話，便會產生後面所述的耐藥性細菌。

抗生素對病毒無效

相對的，病毒是對我們體內細胞輸送遺傳物質（DNA或RNA），這些來自病毒的

※3：從前感冒求診時，醫生經常開抗生素作為處方。原因是擔心症狀惡化的話，有可能導致細菌性肺炎，以及病因非病毒時所做的預防性處置。

遺傳物質會在細胞中自己複製、增殖。所以，病毒非抗生素所抑制生長的微生物，基本上抗生素對病毒沒有抑制和殺害的效果※3。但是，如果預先打了疫苗的話，就能抑制感染，有效減輕症狀。此外，現在也開發出對特定病毒有效的打病毒藥。像是克流感或瑞樂沙都很有名。

綜合感冒藥只能緩解症狀，無法根本性的解決，如果勉強外出仍會傳染給周圍。所以最好先打疫苗預防疾病，萬一狀況惡化，一定要去看醫生，並且好好休息。

注意耐藥性細菌

現在醫院已減少簡單的抗生素投藥。厚生勞動省也呼籲，對於輕症感冒或拉肚子的病人，盡量不要給予抗生素。因為抗生素使用過度，會增加「耐藥性細菌」導致藥劑失效，或者很難有成效，將來有可能沒有有效治療病症的抗生素。

耐藥性細菌目前發現的，從淋病等性行為感染症，到常見的細菌都有，萬一沒有了對金黃葡萄球菌、綠膿桿菌等有效的抗生素，因手術或受傷而死亡的人數有可能激增。厚生勞動省估計，如果一直未能找出解決方法，到了2050年時，全世界將有1千萬人因耐藥性細菌而死亡，因此藥物和醫療必須有效的利用才行。

37 爲什麼流感會在春天大流行？

也許很多人以爲，冬天時大流行的流感，「到了春天就沒關係了」。事實上卻非如此。怎麼會這樣呢？

什麼是流行性感冒？

流行性感冒是流感病毒引發的疾病。不過，病毒沒有辦法靠自己增殖，那麼它是怎麼增加的呢？

病毒會進入其他生物的細胞，在細胞中大量自我複製增殖。細胞內複製的病毒又會侵入附近的細胞，病毒就利用反覆的複製而增殖。

這是「感染流行性感冒」的狀態。

反言之，如果不侵入生物的細胞，病毒就不會增加。冬天時溫度較低適合病毒生存，病毒侵入細胞的機會變多，因而流行。

爲什麼冬天會大流行？

冬天氣溫較低，空氣也比較乾燥。因爲病毒適合生存的環境是低溫乾燥，一旦氣溫和濕度降低，流感病毒就會活耀，疾病傳播率因而大增。所以冬天的氣候是流感病毒最理想不過的環境。

此外，有學者指出，空氣乾燥的話，咳嗽時噴出的飛沫也很乾燥，乾燥飛沫中的病毒重量很輕，因此可能長時間在

※1：２００９年H１N１新型流感爆發時，空氣傳染成爲一大話題。但是，空氣傳染究竟有多厲害，大家其實並不清楚。目前大多數研究者都對空氣傳染持否定態度。

空氣中飄浮，造成感染擴散※1。

我們人體也是問題之一，空氣太乾燥的話喉嚨就會疼痛，對外來異物侵入的抵抗力也會下降，因此，流感病毒比較容易入侵細胞。

再者，冬天氣溫降低，體力也有變差的傾向。因此免疫力低落，無法完全自我保護，防止病毒入侵。

保護身體不被病毒入侵的機制

病毒侵入哪一種生物的什麼細胞，會因病毒的種類而有別。比如說，流感病毒會侵入我們喉嚨的細胞。

話雖如此，我們的身體備有各種防禦外敵的機制，病毒並沒有那麼簡單就侵入身體。

病毒一旦附著在喉嚨，身體就會引發咳嗽，想辦法將它咳出體外。附著在鼻腔裡時，就會產生鼻水將它沖洗掉。咳嗽、打噴嚏、流鼻水等症狀，都是想把病毒趕出體外的手段。

如果成功趕出去就好，但是若是失敗了，病毒就會入侵細胞。即使如此，身體還具有免疫，這種與病毒抗戰的功能，因此也能阻止病毒的增殖。

遺憾的是，病毒一增加，就會發高燒，但這也是人體自我防衛的免疫功能之一，是一種保護性的本能反應。

發高燒是為了讓身體的免疫細胞活性大增，因為體溫較高的時候，新陳代謝及血液循環加快，免疫細胞活性會變得更強，同時也利用製造高溫環境令病毒失去活性。

「春季流感」以B型最多

另外，季節性流感病毒主要有「A型」與「B型」兩

種。Ａ型和Ｂ型流感流行季節大多在11～3月。往年，Ｂ型的流行會比Ａ型稍微晚一點開始※2。

感染Ｂ型流感，其實症狀與Ａ型大同小異，但是，與Ａ型相比症狀輕微一點，它較不容易發高燒，卻有胃腸症狀和腹瀉的傾向。此外，它的傳染力沒有Ａ型那麼強，因此大多是在局部地區流行。

一般認為的流感流行期，都是指Ａ型。所以，也許有人感染到Ｂ型，但因為沒有發高燒的較明顯症狀，不知不覺間即使得了流感也沒有意識到。當然，即使如此，還是會傳染給周圍的親友。

此外，流感疫苗的效期大約是5個月，提早預防接種的人，也許在春天時效果就會減弱。春天也是萬象更新和因花粉症而消耗體力的時期。因此到了春天，也還是要小心防範流感的感染。

如何防止感染流感

防範流感的方法，與一般的傳染病並無太大不同。首先是注意洗手、漱口。尤其是最好盡量多用肥皂洗手。因為一般認為，大多數人是用手接觸到病毒附著的地方，此時手上帶著病毒，然後手又接觸到臉，讓病毒經由口或鼻進入身體中才會感染。有研究者甚至認為可以的話，最好多洗臉。此外，戴口罩對防止感染與喉嚨乾燥都很有效。另外開加濕器，維持房間的濕度也是有效的辦法。

預防流感不能只專注一個方法，應組合各種方法為宜。

※2：有些年並沒有「Ｂ型」流行，此外，流感病毒還有「Ｃ型」，症狀並不嚴重，所以未受重視。

流感病毒從喉嚨侵入身體

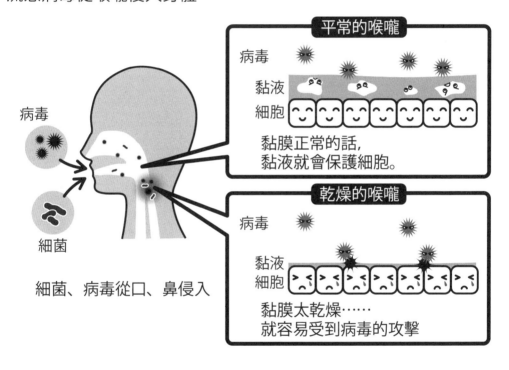

病毒

病毒

細菌

細菌、病毒從口、鼻侵入

平常的喉嚨

病毒

黏液

細胞

黏膜正常的話，
黏液就會保護細胞。

乾燥的喉嚨

病毒

黏液
細胞

黏膜太乾燥……
就容易受到病毒的攻擊

38 如何防止靜電的「啪嚓」感電？

冬季乾燥的時期，有時一接觸門把或車門的瞬間，便「啪嚓」一下觸電。該怎麼做才能防止討厭的靜電呢？

靜電的起因

所有的物質都是由原子構成。

原子的中心有個帶正（＋）電的原子核。原子核的周圍是比中子和質子小很多、也輕很多的電子，它帶負（－）電。1個帶正電的質子與1個帶負電的電子合起來剛好等於零，所以整個原子並不帶電。

兩個物質摩擦、貼近時，物質中原子裡的電子就會逃出，進入另一個物質中，此時原子核裡的質子並不會動，依然維持原狀。

於是帶電子的那一方因為負電變多，就變成帶負電（帶電）的狀態。

相反的，丟掉電子那一方，因為少了一個負電，變成帶正電。

冬季乾燥時容易產生靜電的原因

在空氣中帶濕氣時，帶電物質中的電荷就會逃進空氣中（放電）。如果是流動的物質，電荷就會從各處移動到容易放電的地方，不斷的放電。

但是，如果是電荷不能流動的物質（絕緣體），就不會放電，電荷只能累積，不會移動。乾燥的冬天，靜電容易累積，是因為很難放電。相對濕度降低的環境裡，當物體表

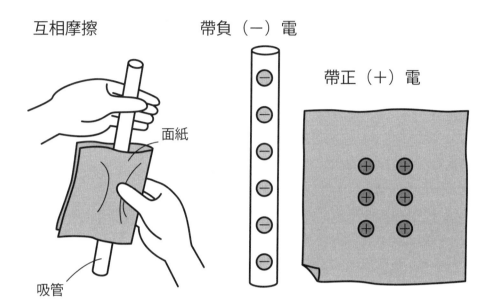

互相摩擦　　　帶負（一）電

帶正（＋）電

面紙

吸管

面沒有水分時，電荷累積在物體上無法逸散或移動，就很難消散電荷產生放電，因之容易累積大量電荷而帶強烈的電。這些放電，雖然電壓高，但是電流非常小，所以即使觸電也不會死，只是會痛、不舒服而已。

在這種乾燥的狀態下，走在地板上，與地板摩擦時，人體會產生2萬伏特的靜電。

如何防止靜電「啪嚓」

防止門把觸電的方法之一，是拿金屬片（鑰匙或金屬製的原子筆），先去碰觸門把。電荷具備一個特質叫做尖端放電，就是電荷容易從物體尖端消散，所以平常手接近門把時，放電產生的火花電流，

會集中流向極小的一點，所以人體神經因電荷跳到手與門把接觸那一小範圍的皮膚上，而會敏感的反應。因此，先用金屬片碰觸，電流會分散到持金屬片的整隻手上，對神經的刺激便會減小。

既然電流的分散可減輕刺激的話，還有另一個方法，就是以握拳的狀態或用整個手掌去接近門把。

另外還有別的解決方法，在碰觸門把前，手先摸一下樹木或水泥牆。從靜電的角度，樹木和水泥都有某種程度的電流，並不是絕緣體。樹和水泥牆都與地面接地，所以可以讓人體帶的靜電逃逸。如果附近沒有這種牆壁，直接摸門本身也可以。

上下車的時候也常常會「啪嚓」一下吧？

車子的座位是絕緣體的

手與門把的放電過程

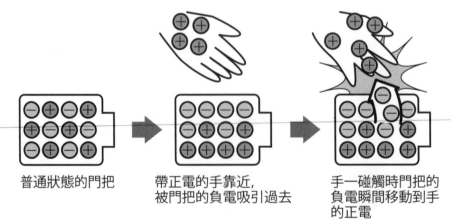

普通狀態的門把　　帶正電的手靠近，　　手一碰觸時門把的
　　　　　　　　　被門把的負電吸引過去　負電瞬間移動到手
　　　　　　　　　　　　　　　　　　　的正電

話，駕駛過程便會因為摩擦而產生靜電。下車時，離開座位前先觸碰車體的金屬部分再下車，這樣人體的靜電就能從車體傳到大地逸出。

上車的時候，坐入車內前先把手掌接觸地面也有效果。即便是柏油路也ＯＫ。這都是讓靜電逃脫的方法。

市面上也有防止靜電觸電的器具。

它是一種放電裝置，和金屬片的原理相同。有鑰匙圈型和卡片型（價格都在一千日圓上下）。

用帶電的亞克力布做實驗，結果顯示卡片的接觸面積越大，效果越好。

39 幼兒誤食異物該如何處理？

幼兒若是誤將非食物的東西吃下肚，或是堵在喉嚨或氣管，可能會造成重大傷害，有可能導致危及性命的狀態。做家長的該注意哪些事情呢？

誤食意外是指？

每年都會發生多起未滿10歲的小朋友，將非食物吞下肚，或是卡在氣管裡的意外事故。尤其是嬰幼兒有段時期，會將身邊任何物體放進嘴裡。不只放進嘴裡，他們有時會把異物吞下、吸進體內，引發種種症狀。

真正發生意外時會怎麼樣？我們又該怎麼處置？事前有幾點注意事項，希望大家能牢記。

誤吞與誤嚥的不同

「誤食意外」分為誤吞與誤嚥兩種。

孩子將異物放進嘴裡時，通常會吐出來。偶爾會吞下去從食道進入胃中。狹義來說這叫做誤吞，會因為傷及消化道內部或被小腸吸收而中毒。

另外，放入口中的異物吸入氣管等呼吸道時，叫做誤嚥。誤嚥的狀況最嚴重的是堵住氣管造成窒息狀態。

誤食意外的原因與發生時的處理方法

下面舉出幾個誤吞、誤嚥

※1：融於水中的尼古丁吸收快，症狀也更加嚴重，必須特別小心。0.5到1支香菸所含的尼古丁，就可達嬰幼兒的致死量。

誤吞‧誤嚥危險性高的物體

種類	會發生什麼狀況
香菸（包含菸蒂）	中毒
醫藥品	中毒
塑膠製品	窒息
金屬製品	中毒、消化道傷害
化妝品、肥皂、洗潔劑	中毒、消化道傷害
食品誤嚥	窒息、肺炎

物體的例子，說明誤食意外的原因，不論哪種物體都必須儘速就醫。

【1】香菸

誤食異物最常發生的就是香菸。以前發生過咬食未抽過的香菸或菸蒂、喝下熄滅菸蒂的水（水裡會融出尼古丁※1）的案例。

若是吸收了香菸所含的尼古丁，中毒的症狀會出現嘔吐、意識不清，甚至有停止呼吸的可能性。發生這種狀況時，必須先催吐，不要讓他吃任何東西，立刻送醫就診。

誤食香菸在滿周歲前後的孩子最常發生。孩子搆得到的地方，不要放置香菸或菸灰缸，空飲料罐也不要用來放菸灰。

【2】醫藥品

最近有些醫藥品或維生素等，做得甜甜的很好吃。因而發生小孩子大量吞食的意外。

這些醫藥品一旦被體內吸收，因為醫藥品的藥理作用（藥物與機體細胞之間的作用），必須讓他喝水催吐，並

且儘速就醫。有時孩子會打開家長以為他打不開的容器，千萬不可輕忽。

【3】塑膠製品

曾有小朋友誤吞彈力球或汽球等，卡在喉嚨裡，成為窒息的原因，必須特別注意。3歲的幼兒張開口，可以放進平均直徑39釐米的球，所以比它小的球都要謹慎處理。標準值大約是乒乓球的大小（直徑40釐米）。

【4】鈕扣型電池、硬幣等的金屬製品

鈕扣型電池會黏在消化道中放電，把消化道燒出一個洞來的危險※2。給孩子玩用電池的玩具時，一定要檢查蓋子有沒有關好。

其他金屬類也必須儘快送醫，請醫師判斷是否要取出來。

【5】化妝品類、肥皂類、洗潔劑類

指甲油和去光水是這裡案例中危險性最高，若是誤食必須立刻就診。如果卡在氣管，也有引發化學性肺炎的危險，因此千萬不要強迫他吐出來。

肥皂的話，先觀察他的反應，如果有什麼症狀再送醫診治。

其他還有很多吃麻糬等食品而導致窒息的例子。周圍的大人應該特別小心注意，防止誤食的意外。

※2：尤其是鋰電池的特性是放電能力高，在電池壽命結束前會維持一定的電壓。所以誤食的話，會在消化道中放電，生成危險的鹼性液，只要３０分鐘到１小時就會損傷消化道的管壁。

鈕扣電池誤食年齡

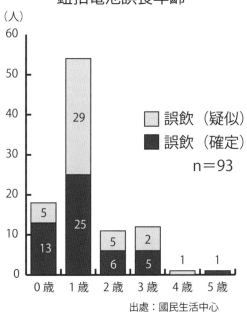

（人）

誤飲（疑似）
誤飲（確定）
n＝93

0歲　1歲　2歲　3歲　4歲　5歲

出處：國民生活中心

40　爲了防止熱休克死亡，最好在晚飯前洗澡？

熱休克是指氣溫急劇變化，導致身體受到影響。據説，起因於熱休克的腦中風，是造成高齡者臥床不起的主因。

危險！冬季洗澡

冬天洗澡時發生的「熱休克」，是指在寒冷的更衣間或浴室內血管收縮、血壓升高，泡進熱水後，血管急速擴張，血壓降低的狀況。患有高血壓、糖尿病、動脈硬化、心律不整、肥胖的人尤其容易受影響，有可能因站起時暈眩摔倒，腳滑而撞到頭，或因失去意識而溺死在浴缸裡的危險性。

依數據顯示，泡澡中心肺功能停止的人，每年約有1萬人，比交通意外死亡的人數還多。多數原因是腦中風（腦出血、腦梗塞）或心肌梗塞，好發於12月～3月。

從厚生勞動省的人口動態統計可知，在家中浴缸溺死者人數，近十年約增加1.7倍，其中九成都在65歲以上，所以可以推測，隨著高齡人口的增加，洗澡時意外死亡也不斷增加。

為了預防冬天洗澡的熱休克，我們應該採取什麼因應方法呢？

預防熱休克

為了預防冬天洗澡時發生熱休克，有以下幾個因應方法。

【1】洗澡應在晚飯、飲酒前

晚飯前的話，更衣室或浴

洗澡時心肺功能停止人數（發生件數）

全國４７都道府縣６３５消防總部（２０１１年）

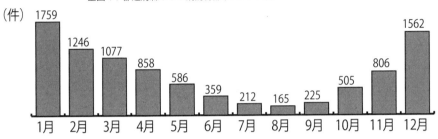

1759	1246	1077	858	586	359	212	165	225	505	806	1562
1月	2月	3月	4月	5月	6月	7月	8月	9月	10月	11月	12月

（件）

家中浴缸溺死人數的變化

消費者廳NewsRelease（平成２８年１月２０日）

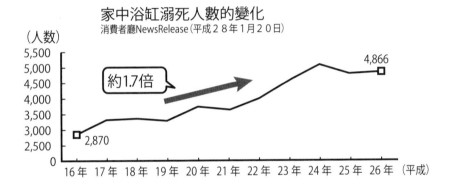

（人數）

約1.7倍

2,870

4,866

16年 17年 18年 19年 20年 21年 22年 23年 24年 25年 26年 （平成）

室的溫度，不像清晨或夜晚時間那麼冷，再加上趁著生理機能還算高的時間洗澡，比較容易應付得了溫差。晚飯之後或飲酒時泡澡的話，血壓很容易快速下降，應盡量避免。

【２】更衣室或浴室應保暖

熱休克的原因大多來自「溫差」。為了和緩溫差的影響，可在更衣室或浴室中加溫。更衣室使用專用的暖氣器具。浴室內可從高處的淋浴蓮蓬頭開熱水，注入浴缸，讓整

個浴室溫暖起來。

此外，高齡者應避免家中第一個洗澡，等浴室充分暖和之後再洗，比較放心。

【3】14℃以下10分鐘之內

洗澡水不要超過41℃，在浴缸中浸泡時間不超過10分鐘，讓身體不要過度溫暖，就能防止血壓急速下降。

高溫或長時間浸泡，有時會出現昏昏沉沉、意識不清，可能會引起浴室中暑的危險，或導致溺死意外。此外，為了預防脫水引發血栓，洗澡前後的水分補充也很重要。

【4】勿在浴缸裡快速起立

泡澡中，熱水對全身施加水壓，這種狀態下如果快速起立，加在身體的水壓消失，被壓迫的血管瞬即擴張。於是通往腦部的血液減少，大腦陷入貧血狀態，會引起一過性意識障礙。

從浴缸出來時，應扶著扶手或浴缸邊緣慢慢的起身較好。

向寒帶學習住宅的過冬準備

許多死於熱休克導致的意外案例，隨著高齡者人數增加，在東京、西日本各地都有增加的傾向。但是近年來案例最少的，卻是寒帶地方的北海道，令人大感意外。

為了減少居住環境中導致熱休克的風險，我們應借鏡寒帶住宅的過冬準備。

像是房屋隔熱性能的提高、在更衣室或浴室安裝專用的暖氣等，投資房屋改建或設備的改善，不只是對高齡者，對全家人的生命保障都十分重要。

泡澡前後血壓變化示意圖

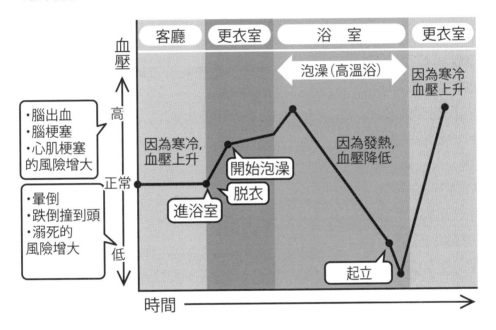

41 冬季頻傳的一氧化碳中毒該如何防範？

每年都會出現令人遺憾的一氧化碳中毒犧牲者，一氧化碳氣體肉眼看不到，也聞不到，我們該如何小心才能保護好自己呢？

不知不覺間悄悄靠近的沉默殺手

沒有自覺症狀，未意識到危險的狀態下，突然令人致命的疾病，我們叫它「沉默殺手」。一氧化碳中毒可怕之處就在於它是個沉默殺手。

一氧化碳無臭、無味，很難察覺，雖然有頭痛等急性症狀，但是它的一大特徵便是在不知不覺間失去意識。性命陷於危險狀態，「不知何時就沒命了」。為了不讓憾事發生，我們必須多理解一氧化碳（中毒），小心防止它發生。

一氧化碳的性質

含碳的有機物一旦燃燒，碳與氧分子結合，產生二氧化碳（CO_2）。但是，在氧氣不足的狀態下發生不完全燃燒的話，就會產生一氧化碳（CO），雖然在燃燒時，多多少少都會產生某種程度的一氧化碳。

一氧化碳是無色、無味、無臭的氣體。

一氧化碳在人體引發問題的原因在哪裡呢？人經由呼吸，將空氣中的氧吸入體內，進入肺部的空氣中，約有兩成是氧氣。

氧氣會與紅血球所含的血紅素結合，循環全身。血紅素只要到氧氣太少的地方，就會釋放氧氣，因此它能把氧氣運

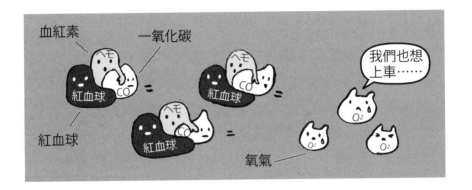

送到身體的每個角落。

　　但是，血紅素還有另一個特性，因血紅素結構上的原因，它比氧氣更容易與一氧化碳結合。結合的強度是氧氣的200倍以上。吸入一氧化碳時，血紅素就不會與氧氣結合，而是與一氧化碳結合，不再運送氧氣到全身上下了。

日常生活中潛藏的危險

　　科技日新月異的現在，為什麼依然無法杜絕一氧化碳中毒的發生呢？其實，科技革新正是一氧化碳中毒的原因之一。

　　那就是建築物的氣密性。以前的老房子縫隙很多，但是最近增加了很多氣密性高的建築。（氣密性指的是門窗在關閉與上鎖後，空氣會滲入室內的程度）

　　在這種建築中，物體一旦燃燒，因空氣不流通需要的氧氣量超出預期，發生不完全燃燒的可能性也大增。結果就是房間裡的一氧化碳濃度上升，進而引發中毒。

　　釋放一氧化碳的器具，通常在注意事項都記載著：「應保持空氣流通」，使用時必須特別小心。

到了冬季，應該不少人都覺得「開窗很麻煩」，這種時候只要打開抽油煙機就能有效流通空氣，另外改用不會釋出一氧化碳的電磁爐或電暖爐都可以。

環顧家中，還有個氣密性更高的地方，那就是浴室。

家中有可重新煮沸的平衡排氣熱水器（譯注：日本開發放在浴室內的瓦斯熱水器），要特別注意。

這款熱水器會將燃燒瓦斯用的空氣自屋外吸入並排出，但是如果此時打開換氣扇的話，好不容易排到室外的一氧化碳，很可能又吸回狹窄的浴室裡。

現在市面上都有販售針對一般住宅的一氧化碳警報器，價格低廉，也許也可作為防範的方法。

屋外也有危險

這幾年，汽車排氣所引起的一氧化碳中毒案，可以說最具代表性的。

汽車排放的廢氣是從消音器往外排出，但有時候保養不良，排氣管破洞因而排氣流入，也有可能因為風雪太大，車子埋在雪中，使得排氣逆流。由於車內空間狹小，一不留神，一氧化碳的濃度就會過高，應特別注意。另外，在車庫中引擎沒關也有同樣的危險。

屋外最令人擔心的是露營時在帳篷中升火煮東西。尤其像木炭爐、煤球爐會產生大量一氧化碳，千萬不能在帳篷內使用。

如果一氧化碳中毒的話

冬天是一氧化碳中毒好發的時期，因為民眾經常使用瓦斯爐、煤油暖爐、火爐，又常因為寒冷而緊閉門窗之故。

一氧化碳中毒的話，應立刻吸入新鮮空氣。關閉保暖器具，快速流通室內空氣。如果出現失去意識等嚴重的症狀，立刻打119叫救護車。

空氣中一氧化碳的濃度與吸入時間引起中毒症狀

1.28% ─ 1～3分鐘內死亡

0.32% ─ 5～10分鐘頭痛、頭暈，三十分鐘死亡

0.16% ─ 20分鐘頭痛、頭暈、想吐，兩小時內死亡

0.04% ─ 1～2小時前頭痛、想吐、2．5～3．5小時後頭痛

42 發生火災的「發火點」與「引火點」是什麼？

火災燒光了一切，造成無法挽回的悲劇。我們就來了解物質燃燒的三個必要條件，努力預防火災的發生吧。

物質燃燒的三條件

發生火災，也就是建築物等物體起火燃燒，是需要條件的。第一，需要可燃的物質。第二，需要有新鮮空氣（氧）進入燃燒的地方。進而，必須到達一定的溫度以上，才會開始燃燒。

歸納起來，物質燃燒的三個條件如下。

【1】能燃燒的物質（可燃物）

【2】氧氣

【3】一定溫度以上（固體的話，是自燃點）

可燃性物質不藉著點火而可以起火的最低溫度，稱為發火點。將可燃性物質放在空氣中，溫度漸漸上升，到了發火點時，就會自己起火燃燒。此外，用燈油等接近火的時候，會在物質上著火，稱為引火，指揮發物質在接觸的火源被移除後，仍可自己持續燃燒的最低溫度，發生引火的最低溫度叫做引火溫度（引火點）。

我們身邊有許多可燃物質和氧氣，預防火災的「小心火燭」就是要大家注意熄滅火種，以免達到發火點或引火點。

一年有多少起火案件？

依據2013年總務省統計，日本的起火案件約5萬件。2006年起的8年內並沒有太大的增

發火點	
沒有火源也能起火的最低溫度	
木材	250～260℃
新聞紙	291℃
木炭	250～300℃

引火點	
靠近火源的瞬間著火的最低溫度	
汽油	-43℃以下
燈油	40～60℃

出處：《理科年表》平成２９年（２０１７年，第９０冊）

減。相對的，火災造成的死亡數，從2006年的2000人左右每年遞減，到了2013年約有1600人。

根據海外消防資訊中心的整理（2008年3月），美國※1的起火案件超過160萬件，火災造成的死亡人數達4000多人。相對來說，起火案件占有的死亡人數比例，比日本低。

而在英國※2，起火案件有39萬件，而火災死亡人數有600人之多。和其他國家或都市地區相比，日本起火案件與火災死人數的比例，似乎有偏高的感覺。

下面的圖表按多寡排列日本的火災原因。按他國案例中的「縱火及疑似縱火」來看，可知這一項遙遙領先其他原因。

此外，圖表中的「點火」，是指在屋外放火燒荒，但最後火勢太大，到了難以收拾的地步。

除了日、英、美的住宅火

※1：面積為日本的２５倍，人口為日本的２．３倍。
※2：面積為日本的６４％，人口４３％。

各國三大火災原因

國名 排名	美國	英國	德國	法國	韓國	澳洲
第一名	明火	烹調器具	處理不當	原因不明	用電	小孩玩火
第二名	電機	香菸	家長不在	疑似縱火	香菸	縱火及 疑似縱火
第三名	縱火 (紐約市)	電器用品	放火 (柏林市)	機械故障	放火	放置、丟棄 (新南威爾斯州)

災的放火等，其他的起火原因，日本與英國有較多是廚房器具的起火，而美國則以暖氣設備占多數，住宅火災造成死亡的起火原因，各國的第一名都是香菸。

　　這麼看來，在日本，似乎對孩子的管教比較好，不讓孩子玩火，但是，大人疏忽造成的原因，像是用火時沒有緊盯、廚房器具的不適當使用等，也是應該注意的問題。

縱火背後隱藏的祕密

　　日本起火原因中「縱火及疑似縱火」的件數，可以說比起他國更加突出。

　　其中出現死亡的案例大多是縱火自殺導致，約占所有火災死亡人數約四成。自殺本身就已十分悲慘，選擇縱火這種方式，奪走鄰居周邊的生命財產更是難以復加的慘劇。

喪失的財產

　　火災造成的損害有多大

所有火災的起火原因件數（平成２５年）

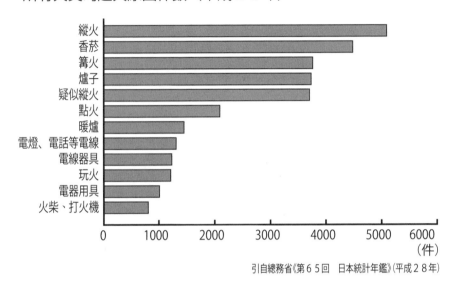

引自總務省《第６５回　日本統計年鑑》(平成２８年)

呢？有人試算過，約占ＧＤＰ（國民生產毛額）的0.1%。著火燃燒的話，財產、值得回憶的各種物品，全都付之一炬。只要多注意一點，就能減少火災。

第五章

「尖端技術、交通工具」
中拾手可得的科學

43　太陽能電池如何發電

利用光來發電的太陽能電池，現在廣泛使用小自電子計算機、手錶、路燈，大至人造衛星、太空站等。

電池有兩種

電池分為化學電池與物理電池。

化學電池是利用內部的化學反應造成電位差而發電，再取用它的電能，像是乾電池、充電式電池都屬於這一類。

物理電池不會發生化學反應，而是一種將光或熱的能量，轉換成電能的能量轉換裝置。太陽能電池就屬於這一類。以類型來說，有矽太陽能電池，以及用種種化合物半導體為素材的電池※1。

太陽能電池的原理

柏油路經太陽光一曬就會發熱，是因為柏油吸收了太陽光能量，將它轉化成熱能的關係。通常，變熱的能量會傳導到周圍的物體或空氣散去。

太陽能電池是太陽能電池中的半導體材料將太陽光擁有的光能吸收，所吸收的光能在變熱之前便轉換成電能（電力）。

家庭用太陽能電池系統

家庭用太陽能電池系統，

※1：金屬經光線照射，電子會從金屬的原子內跑出來，這叫做「光電效應果」，一般的光電效果下，電子會飛離原先的材料本身，所以必須在物質內部引發光電效果，再取出電流，也因此使用的是半導體，因半導體材料透過適當的能階設計，便可有效的吸收太陽所發出的光。

是將太陽能電池並列成板，組成太陽能電池模組（太陽光電板）設置在屋頂等處。

發出的電是直流電，經由電力控制器，轉換成交流電供家電器具使用。發電模組上可以即時以觸控板了解發電量、消費電力、買賣電力的狀況。

雖然節能，但發電效率是一大課題

太陽能電池雖然名為「電池」，但沒有儲存電力的功能，只有發電功能。而且只有受光照射的期間持續發電。不使用燃料、也不會排出廢氣，更不消耗化石燃料，可以算是綠色能源。在解決地球環境與能源問題上，極受矚目。今後如何提升轉換效率（將太陽光轉換成電能的效率）將是一大課題※2。

成本可以降到什麼地步？

德國是世界最大的太陽能發電採用國，2012年，家庭用電費與太陽能發電系統的發電成本相同，到了2013年，成本更低於家庭用電費，2017年以後，已不需要政府的支援。

日本設定的目標，是在2020年達成太陽能發電成本與業務用電力相等（1千瓦／時14日圓），到了2030期望能實現與火力發電相當（7日圓），將太陽能發展成主要能源之一※3。

※2：太陽能發電的問題，在於轉換效率（發電效率）為15～20％左右，比水力發電（80～90％）、火力發電（約40％）、核能發電（約33％）都要低。
※3：NEDO（新能源‧產業技術綜合開發機構）所發表。

44 無人機與遙控直升機完全不一樣？

無人機就像是裝了好幾個螺旋槳的直升機。它和以前就有的遙控模型飛機有什麼不同？為什麼會快速普及呢？

源自科幻小說中出現的工作機器人

近年來常在電視上看到從空中拍攝的影片。拍攝這種場面所使用的小型航空機叫做無人飛行器系統，簡稱無人機或蜂型機。

「蜂型機」是1979年出版的科幻小說《明日的兩面》※1中出現的飛行工作機器人。因為它會發出蜜蜂般的嗡嗡聲，所以得名。

簡單飛行的多軸飛行器

我們常常看到無人機安置了多支螺旋槳，它的正確名稱叫做多軸飛行器。過去的遙控模型直升機與真正的直升機一樣，需要高度的技術，必須經過長時間訓練才能正確飛行。

但是，無人機讓電腦使用遙控、導引或自動駕駛來控制。來負責穩定飛行的技術，操縱者只要指示高度和方向，就可以操作它了。進而還有用GPS指定飛行路線，或用飛行眼鏡檢視從搭載的攝影機傳送的畫面一面操縱的機種。與

※1：《The Two Faces of Tomorrow》，詹姆斯·霍根（James Patrick Hogan）著，作品中有人類軍隊與人工智慧操縱無人機戰鬥的場面。被視為是預知未來社會的名作。

過去的無線航空器相比，不但方便而且又能做更大範圍的運用。

無人機的危險性與規則

但是相對的，無人機也有其危險性與令人擔憂之處。

第一，每個國家對操縱無人機使用的ＷｉＦｉ或無線電，都訂有不同的法規。任意使用難保不會成為混亂的狀況。

此外，有可能引起飛行器特有的事故，也是一大隱憂。即使無人機體積小，若與客機或直升機等飛機相撞時，也有可能造成引擎故障或尾旋翼等重要零件故障等，進而引發重大事故。

有鑒於這種懸念，日本在2015年12月施行無人機規制法（改正航空法），設定200公克以上的無人機禁止飛行的區域※2。此外，也對飛行方式增加安全的限制。

無人機也在軍事領域進行研究※3，民間有搭載能力的無人機有可能利用在恐怖行動等上。因此，也開發了飛行監視或無人機飛行中停止的技術。

※2：東京２３區內幾乎沒有一個地方在未經許可以飛行。
※3：美軍的無人飛機（Unmanned aerial vehicle, UAV）——無人偵察機「ＭＱ－１掠奪者」從２０００年代，開始在阿富汗用於收集情報。現在搭載武器，也用於實戰的攻擊。

45 GPS如何鎖定位置？

汽車導航系統是利用ＧＰＳ取得的位置資訊，與地圖數據比對後，進行汽車的導航。ＧＰＳ是如何鎖定位置呢？

什麼是ＧＰＳ衛星？

ＧＰＳ（Global Positioning System）叫做「全球定位系統」，是從人造衛星接收待測物電波，來測定待測物正確位置的裝置。我們的上空有非常多人造衛星在飛行。

原本是為了軍事目的才發射的人造衛星，現在也運用在民生上，目前對我們生活各層面都有所幫助。

載有ＧＰＳ的數個衛星在適當的位置分布安排在地球上空，接收範圍完全覆蓋整個地球，用電波向地面告知位置資訊和時刻資訊。

因此，計算ＧＰＳ衛星發射電波的時刻，與收訊機收訊時刻的誤差所花的時間，用它的值乘以光速，就能求得人造衛星與收訊機的距離※1。

人造衛星計算出的時刻資訊必須完全正確，因為，光速是每秒30萬公里，非常大，只要一點點時間的誤差，就可能失之千里。因此，ＧＰＳ衛星運用了原子鐘※2。

ＧＰＳ與導航的原理

※1：他們使用距離＝速度×時間的公式。
※2：正式名稱為「原子周波數標準器」。藉由檢查微波的周波數，決定一秒的長度。誤差為1萬年到10萬年只有1秒的程度。

圖1

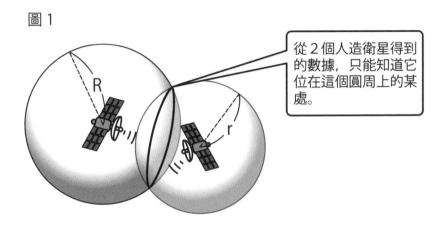

從2個人造衛星得到的數據，只能知道它位在這個圓周上的某處。

　　收訊機從ＧＰＳ人造衛星上取得數據，計算自己與衛星的距離，但只靠一個衛星的數據，無法推斷出地球上收訊機的位置。

　　例如，假設可以計算出一個衛星與收訊機的距離是R，那麼只能知道收訊機的位置是在距離人造衛星R的半徑的球面上。（圖1）

　　如果再加一個人造衛星，經由計算可知，它同樣在某半徑 r 的球面上。

　　從這兩個數據得知，收訊機位於兩個球交集的圓周上，但即使如此還是沒辦法用。

　　如果能再得到另一個衛星的數據，就能縮小到與這些球面交錯的兩個點（圖2）。

　　這裡，如果再得到另一個衛星的數據，就能完全確定收訊機的位置。但是，按照原理，如果是導航的話，三個衛星就能計算出位置資訊。因為收訊機位置在地球表面（圖3）。

　　1996年3月，由於美國政策變更，開放這些ＧＰＳ技術使

圖 2

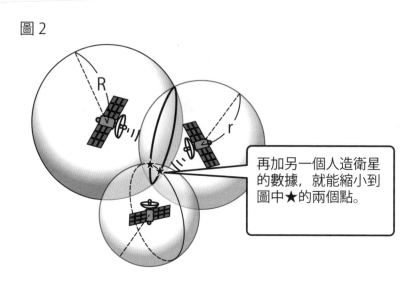

再加另一個人造衛星的數據，就能縮小到圖中★的兩個點。

圖 3

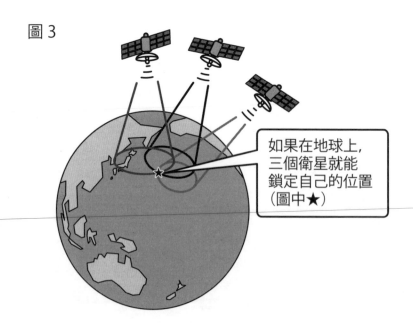

如果在地球上，三個衛星就能鎖定自己的位置（圖中★）

用於民生信號，因此任何人都能自由運用。

但是，主開發國美國，在一開始故意簡化ＧＰＳ的數據，阻止他國用於軍事上。當時，日本很快就發現這個ＧＰＳ有侷限性，因而開發汽車的車內導航系統。

由於得到的數據太簡略，與位置資訊有相當的誤差。因此，必須從汽車的里程表修正位置。

但是，2000年5月，美國廢止故意簡化ＧＰＳ精確度的作法，ＧＰＳ的精確度一下子提高了10倍以上※3。

現在，不僅是飛機、汽車、火車等交通工具，連個人手上的智慧型手機，都搭載了ＧＰＳ收訊功能，正確製作地圖，將取得的ＧＰＳ數據搭配在地圖上，讓人立刻知道自己在地圖上的哪個位置。這就是導航系統。

此外，它還能將手機拍攝的照片，附上正確的位置資訊。

進而經過精密計算過相對論式的效果，可以提高精確度，誤差只有幾公分。而且，還可以即時精密的測知地殼變動，有望提高地震預報和預警的可能性。

※3：這種「衛星定位」，日本還是仰賴美國的科技，但現在日本版的ＧＰＳ建構已在準備中。２０１８年起日本專屬的衛星有望形成４機體制，正式開始運作。（譯注：日本的準天頂衛星系統「引路」已在２０１８年１１月１日開始提供服務）。平成２３年度將成為７機體制，不再需要依賴美國的ＧＰＳ。

46 3D列印是如何「列印」的呢？

近年，3D列印已成為大家耳熟能詳的名詞，它是種印刷立體物的列印機。從杯、盤等日用品，到再生醫療所使用的骨骼，都能列印得出來。

什麼是3D列印機？

3D列印機又叫立體印刷機，最初是日本人發明的產品。1980年代開發出來後，只有極一小部分人知道，但是到了2017年的現在，已經廣為人知了。

3D列印機的機制是：①先在電腦上把想做的物品製作出3D數據。②製作的3D數據從下方按橫截面依序做一層一層切割。③從低處每一層累積少許材料堆疊製成。

一層的厚度只有幾微米（μm），1釐米的千分之一左右。再將這些極薄的橫截層慢慢堆疊起來。

加熱法〈熱融解篇〉

現在偏向個人用的3D列印機，主流叫做「熱融層積法」。如同其名，它會將材料用熱加以融解擠出，製作成形。

用來作為材料的是一種稱為ABS樹脂（丙烯腈-丁二烯-苯乙烯共聚物的合成樹脂）的物質。這是塑膠的一種，具有加熱就會變軟，冷卻後凝固的特性。這種特性叫做熱可塑

※1：ABS樹脂具耐衝擊性和高硬度，加工也很容易，表面帶光澤，可以做出美麗的修飾，是種廣泛用在OA機具、汽車零件（內外裝品）、遊戲機、建築零件（室內用）、電器製品（空調、冰箱）等處的素材。

基本原理

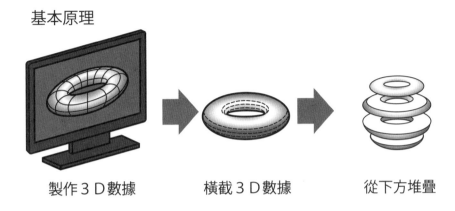

製作３D數據　　　橫截３D數據　　　從下方堆疊

性。運用熱可塑性，便容易用熱融解加工，採取整形後冷卻凝固的方法。

有些物體的形狀，若無支撐就無法做得出來，所以，外部以ＰＶＡ（聚乙烯醇）的穩定材料支撐，成形之後，再讓穩定材融於水中去除。

用這個方法，如果使用著色的材料，也能製作出多彩的製品。

但是，一再融解表面冷卻，每層的分界容易形成明顯紋路，不適合製作平滑的物體。

加熱法〈燒結篇〉

這種方法是將銅或鈦等金屬或陶磁的粉末作為原料，每次將一層份的材料鋪滿，再利用粉末材料在雷射照射下高溫燒結並定型。由於材料是粉末，可以製作複雜的形狀，不過因為「燒」的方法，表面會出現凹凸痕跡。

光固法

這個方法是用液態樹脂作

為原料，讓紫外線或雷射光照
射使它凝固的方法。一種是像
噴墨印表機噴出材料，另一種
是以浸在樹脂液體狀態中製
作的方式。不論哪一種，用的
都是環氧樹脂或亞克力樹脂作
為材料，用光束照射一層層製
作。光束精密的照射，可以凝
固成複雜的形狀，但卻有凝固
過度容易碎裂的缺點。

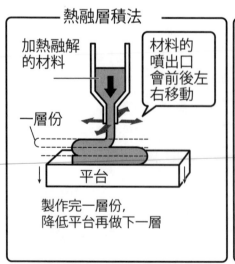

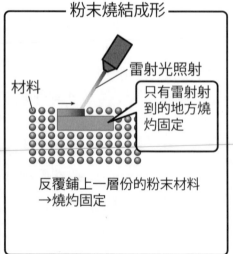

47　IC卡或非接觸充電是怎麼做到的？

只是嗶的刷一下，立刻就能通過驗票口的ＩＣ卡真是方便，瞬間讀取資訊、重寫的架構是怎麼做成的呢？

用電磁感應改寫記憶體

當磁場（磁界）在形成甜甜圈狀的導線（金屬）周圍發生變化時，電流就會被感應產生而在金屬內流動。這叫做「電磁感應」現象。

ＩＣ卡內部是由一張小小的ＩＣ微晶片跟好幾圈感應天線（線圈）組成。當卡片通過磁場時，線圈就會被變化中的磁場感應發生電流，改寫卡片內ＩＣ微晶片的記憶體記錄，所以，也就是說許多人每天都在驗票口進行「電磁感應、能量輸送」的實驗。

變動也會傳送資訊給驗票口

事實上，由於卡片靠近驗票口時，驗票口的裝置也會發射訊號，再從晶片接到回送的資訊，快速讀取它，進一步操作驗票口的開閉裝置，進而能把資料傳送到連接的電腦上。也就是說，驗票口的裝置在寫入卡片記憶體的同時，也在接收卡片的資料，「讀取兼寫入」。

這些工作需在短短的0.3秒左右完成，所以有些人因為卡片接觸的角度出現微妙的差錯以致無法正常運作，而驚惶失措。

這個技術是從電子標籤轉移過來的

在ＩＣ卡用於驗票口之

ＩＣ卡的構造

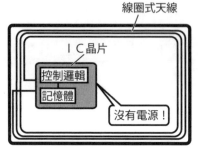

線圈式天線
ＩＣ晶片
控制邏輯
記憶體
沒有電源！

嗶
ＩＣ卡
電磁波
讀取兼寫入

前，ＩＣ技術用於附在商品上的電子標籤，店員用這手邊的讀寫器來傳遞資料。它使用無線電訊號的電波，讀取記錄的個體資料（品項、價格等），一般將它稱為ＲＦＩＤ（Radio Frequency Identification）※1。便利商店測試過使用ＲＦＩＤ，讓客人自己結帳的系統。

送，不用接觸機器也能達成※2。實際上手機等的充電裝置也運用了非接觸式傳送電訊號它的工作原理。但是，從效率上來看，還是比插電的差，因此並沒有普及。非接觸充電也有運用在電動公車的例子，駕駛不用插電就能為電池充電。

非接觸充電的推廣

這件事表示電子訊號的輸

※1：ＲＦＩＤ是將記憶在ＲＦＩＤ媒體上的個別情報，經由無線通信進行讀寫（將數據叫出、登錄、刪除、更新等）的自動辨識系統。
※2：資料的傳達與能量的輸送之間沒有明確的區別。此外，用電磁感應與電波的傳達輸送之間，有許多電子訊號處理階段，用詞也沒有統一。這些階段目前也正熱烈開發研究中。

手機的非接觸充電

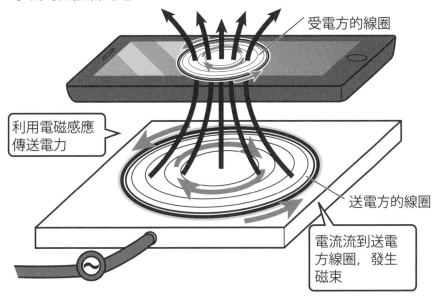

受電方的線圈

利用電磁感應傳送電力

送電方的線圈

電流流到送電方線圈，發生磁束

電動車的非接觸充電（意象圖）

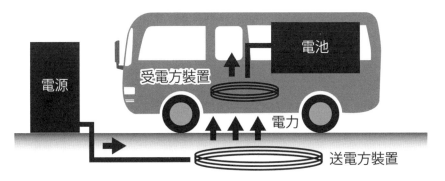

電池

電源

受電方裝置

電力

送電方裝置

48 生物辨識眞的安全嗎？

越來越多的智慧型手機和電腦，不再使用密碼輸入，而改用生物辨識來解鎖了。雖然很方便，但另一方面，難道不擔心個人資料的流出或遭到非法利用嗎？

生物辨識的種種

在動作片或科幻電影中，常常會出現先進的系統，利用眼睛的虹膜（瞳孔部分的紋路）或網膜的血管型態來驗證身分的場面。這種身分辨識的方法，稱為生物辨識（biometrics）。

這種技術，是使用我們身體的部分特徵，來驗證身分的方式，像是用攝影鏡頭拍下臉部，或用指紋讀取機掃描手指等。它會抽出眼鼻等五官的位置、形狀，指紋的漩渦、紋路位置、彎曲的方式等特徵，再用電腦比對事前保存的特徵和攝影畫面，進行判斷分析。

Windows10的生物辨識功能「Windows Hello」，則是利用電腦內建的攝影鏡頭，拍攝使用者，或是用指紋讀取機驗證身分，就可以解除電腦的鎖。此外，採用安卓系統的智慧型手機，也有用本人的聲音辨識來解鎖的機種。

最普通的辨識方法是利用指紋辨識，但是，最近也有部分智慧型手機引進虹膜辨識的例子。想必今後也會看到更多運用生物辨識的場面吧。

生物辨識的優點

生物辨識利用本人具備的身體特徵，所以優點是不需要記憶密碼，也不用每次輸入。也不用隨身帶著金融卡或印

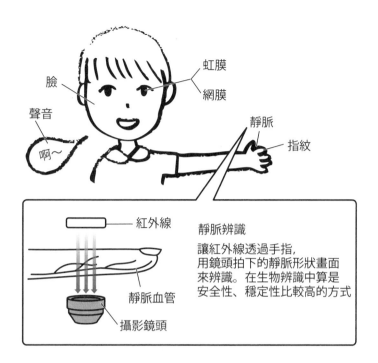

臉
聲音
啊～

虹膜
網膜
靜脈
指紋

紅外線
靜脈辨識
讓紅外線透過手指，用鏡頭拍下的靜脈形狀畫面來辨識。在生物辨識中算是安全性、穩定性比較高的方式

靜脈血管
攝影鏡頭

鑑。此外，卡片或印鑑也有可能被偷，但是偷不了本人的臉和手指。

日本部分銀行運用了這個優點，自2016年開始，進行使用ＡＴＭ只能指紋辨識的實證實驗。

生物辨識的問題

另一方面，生物辨識又有什麼樣的缺點呢？

我們的臉型會隨著年紀增加而變化，容貌也會因為化妝而有很大的改變。此外，指紋也會因為手指粗糙、手髒而在比對時出現錯誤的情形。

如果調整成身體特徵變化也能辨識的系統，卻又出現與相貌特徵相似者搞混的危險性。

例如，利用臉部辨識的舊型生物辨識系統，無法區別同卵雙胞胎。

沒有偽造或盜用數據的危險嗎？

如果能用大頭照、錄音、虹膜影象、採指紋再重製的假指紋通過辨識的話，偽造就可能比印鑑還要簡單。

我們使用的手機或數位相機，現在解析度都非常高，平常隨手攝影、登在社群媒體上的照片，會不會被人盜用作為臉部、虹膜、指紋等生物辨識的資料呢？有專家如此憂心。

因此，使用從外部看不到的網膜血管、手掌或手指靜脈分布等的系統，也逐漸實用化。

臉部辨識方面，為了克服缺點，也設計了抽出不受化妝或年老變化而影響的特徵，並建立防偽機制。

前面提到的「Windows Hello」，無法用照片或影片通過辨識，並且採取登錄多次數據，以提高精確度的解決方案。藉著這個方法，抽出人類難以判斷的細微特徵，因而具有連同卵雙胞胎都能區別的精確度。還有一種系統能學習增齡產生的變化。

另一方面，臉部照片或指紋樣式保留在處理圖像的系統裡時，一旦駭客侵入盜取的話，很有可能用於辨識同一式樣的系統會一起受害。

因此，現在對資料盜取的防禦措施也提高很多，不再直接保存數據，而是將特徵數值化、密碼化再保存起來。這樣一來，即使數據流出，也能避免遭到違法的使用。

新技術雖然很方便，但不能說百分之百安全，民眾還是要謹慎使用，切勿盲目信賴。

在 iphone 上，連貓的肉球也能辨識登錄…

欸？什麼喵？

49　條碼或QR碼的原理是怎麼樣的？

刷條碼可以讀取商品價格，刷QR碼可以立刻知道地址和減價資訊。
它們是用什麼樣的規則在讀取資料呢？

條碼的原理

　　用於所有商店的一切生活用品，也最為民眾所熟悉的條碼是日本商品條碼ＪＡＮ碼※1（Japan Article Number），把條碼的紋路放大，就可知道它是由七條白色與黑色的線（模組）組成，用來代表一個數字。

　　一般的ＪＡＮ碼有13位數，首先最左側的2位數是「國碼」，這個數字是全球性的ＥＡＮ協會所管理，日本取得49與45兩個國碼。國碼之後的7位數數字是「企業廠商碼」，接受企業單位申請，由流通系統開發中心設定。接下來的「商品品項碼」是3位數，企業單位可在001～999的範圍內，選擇任意數字設定。

　　一般來說，同一規格的商品會貼上相同的條碼，再由商店來設定價格。掃描條碼時，會照會該商店的數據庫，所以，可以隨商店或是視日期來改動價格。

　　末尾的「檢查碼（ＣＤ）」是為了防止讀取錯誤而設的。與其他的碼不同，是結合幾個計算方法算出來的。

※1：台灣所使用的商品條碼為 EAN 碼，全名為 European Article Number（歐洲商品條碼），台灣在 1985 年加入 EAN 會員，現在買東西結帳時，服務人員掃瞄商品上的條碼就是 EAN 條碼。台灣國碼為 471。

例如，從右起看檢查碼ＣＤ之外的12位數，奇數行相加乘以三，再加偶數位的和。再用10減去答案的個位數，該數字就設定成檢查碼ＣＤ。（檢查碼的計算公式寫在圖中）

這樣算出的ＪＡＮ碼，會在製造廠或發行商包裝的階段印刷，這叫做「source marking」

至於像生鮮食品（青菜或肉等），以重量來標示個別價格的商品，使用只有該商店流通的「Instore marking」條碼。這時，相當於國碼的最前兩碼，會使用20～29的數字，以避免混淆。

書籍的ＪＡＮ分成兩段，第一段從「978」開始，接著是ＩＳＢＮ（書籍分類號碼），最後以檢查碼收尾。第二段從「192」開始，標示日本專有的圖書分類與未稅本體價格，最後也以檢查碼結束圈※2。

另外，條碼是用光讀取資料，基本上只要對上紅色的ＬＥＤ光，就會讀取黑線（模組）與白線，轉換為0與1的數據信號。條碼識讀器正是利用黑線和白線對光的反射率不同來讀取條碼數據的。

多虧了這個架構的功勞，顛倒的條碼也能正確讀取。因為以中央碼為界，分成左右兩邊，將左右相同數字的表現方法（黑模組與白模組的七碼組合）做了改變。

例如，同樣是「9」，在左側時是「0001011」，在右側時是「0010111」，將顛倒狀況考慮進去，變換不同的電子信號以作區別。

※2：本書封底也印有ＩＳＢＮ碼，不妨參考看看。台灣的 ISBN 條碼第二段為 957 或 986。

條碼（ＪＡＮ碼）的架構

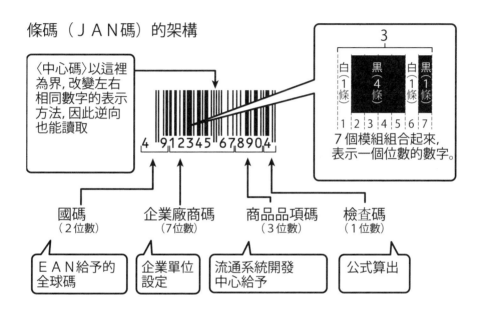

〈中心碼〉以這裡為界, 改變左右相同數字的表示方法, 因此逆向也能讀取

3

白（1條）　黑（4條）　白（1條）　黑（1條）

1 2 3 4 5 6 7

7個模組組合起來, 表示一個位數的數字。

國碼（2位數）　ＥＡＮ給予的全球碼

企業廠商碼（7位數）　企業單位設定

商品品項碼（3位數）　流通系統開發中心給予

檢查碼（1位數）　公式算出

檢查碼的計算方法
① 去掉末尾數字,「自右起奇數位的數字相加」乘以３
② 將①與「偶數位的數字加總」相加
③ 得出數字的個位數, 再用１０減掉, 該數字就是檢查碼

※以「4903333106004」為例
① 奇數位相加是0＋6＋1＋3＋3＋9＝22　　乘以３的話22×3＝66
② 偶數位相加是0＋0＋3＋3＋0＋4＝10　　與①相加的話66＋10＝76
③ １０減去個位數10－6＝4
　　所以末尾的檢查碼就是「4」

QR碼的原理

　　QR碼（Quick Response Code）是日本Denso Wave公司於1994年開發的二維條碼識別碼，為重視高速讀取的「進化形條碼」。尤其是在手機鏡頭可以讀取之後，快速普及開來※3。

　　稱它「進化形」的原因，來自幾個特色：比起條碼，它所含的資訊量大增，而且髒汙、破損就算達到30％，數據也能修復，而且它的標示只需要條碼的10分之1面積。

　　以前條碼處理的資訊量最多20行，相較之下QR碼因有二維方向的條碼可做變化，容量極大，最大資料容量是7089字（只含數字時）。數據修復稱為「錯誤訂正功能」，因QR碼內特殊圖案設計和辨識定位標記有容錯能力，QR碼圖形如果有破損，仍然可以被機器讀取內容。製作數據的人，也可以選擇可修復的標籤。

　　QR碼被運用在各種不同的領域，除了官方網站的網址、簡單取得特賣資訊等促銷用途之外，也應用在電子票卡或機場的登機證。在社群媒體上，也提供以QR碼與粉絲或朋友共享訊息的服務。

　　最近，也能看到與插圖或照片組合、設計性高的QR碼，任何人都能製作它，各位不妨來挑戰看看。

※3：Denso Wave 公司雖然保有QR碼的專利，但並未行使權利，而是將格式公開，讓任何人都能使用它。因此現在全世界不用花成本便能使用這種編碼。

50 手機如何連接網路？

手機不只是電話，它還能快速的連上網路，收傳郵件。究竟它是用什麼原理來連結網路呢？

網際網路（INTERNET）是什麼？

隨時隨地都在使用網際網路，但是如果問你「網際網路」是什麼？很多人恐怕一時都答不上來吧？

網際網路是指全球規模連接企業、學校、家庭等的各式資訊機器的電腦網路（LAN，區域網路）。

透過一些約定來定義、規範網路通訊，就稱為通訊協定。而整個網路，就是靠協定架構起來的。網際網路是使用ＴＣＰ／ＩＰ架構※1，作為資訊的來回傳遞的通訊協定（共通的約定）。一般ＩＰ是簡略的讀法，全名應該是「Internet Protocol」。在網際網路上，會以數位的方式傳遞數據，數位的方式傳遞就是搭配訊號在時間序列上用0和1形式，數據被分割成小封包（數據包）而非以持續連續遞送方式傳送※2。

一個個封包中有「傳遞的數據」之外，還有收訊者與送訊者的數據。

因此，零散傳送的部分封包，在半路上因為通信錯誤而

※1：TCP/IP 是 Transmission Control Protocol（TCP）的簡稱，它規定了網路上通訊的相關規約，又叫「通信規程」或「通信程序」。
※2：1封包為１２８位元，數據量相當於６４個日文字。

用網際網路傳送數據的工作原理

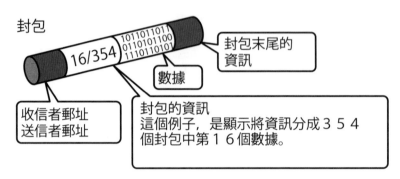

封包

封包末尾的
資訊

數據

收信者郵址
送信者郵址

封包的資訊
這個例子，是顯示將資訊分成３５４
個封包中第１６個數據。

無法送達時，也可以重新傳送發生錯誤的封包。

家用電腦如何接上網際網路？

家用的電腦或平板等資訊設備，如果要連上網際網路，一般是利用網路供應商的服務來連接。

連接時，數位信號的數據的傳輸會透過電話線（包含ＡＤＳＬ等）或光纖來進行。但是，電話線是類比訊號，光纖使用光訊號傳送數據，也就是必須將訊號形式做轉換。所以必須交接處有變換裝置來變換從電腦出來的數位信號，才能送入傳輸端。

因此，使用電話線時，必須使用「變換數位信號與類比信號的裝置（數據機）」

使用光纖時則需要「變換數位信號與光信號的裝置（ＯＮＵ）」。

此外，最近在家庭中，平板、電腦等多個資訊設備一同連接網際網路的情形有越來越多的趨勢。

封包零散的傳送

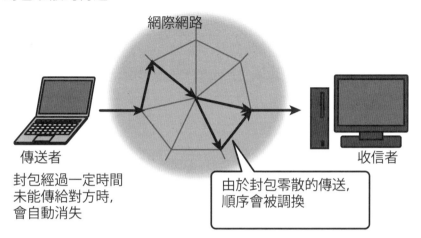

網際網路

傳送者
封包經過一定時間
未能傳給對方時，
會自動消失

由於封包零散的傳送，
順序會被調換

收信者

　　為了讓多個資訊設備連上網際網路，必須有個路由器（決定來源端到目的端所經過的路徑傳輸路徑的裝置）的裝置，將各個設備的數據分割傳輸。最近，不用纜線，以無線方式連結多個資訊設備的無線ＬＡＮ路由器不斷增加。

　　這些無線ＬＡＮ（區域網路）路由器幾乎都滿足Wi-Fi（無線網路）的規格，所以便把無線ＬＡＮ稱為Wi-Fi※3。街上的「免費Wi-Fi熱點」，就是可以不用花錢使用Wi-Fi規格無線ＬＡＮ的地方。

手機如何連接網際網路？

　　手機連接網路的方法有兩

※3：Wi-Fi是無線ＬＡＮ規格之一，是美國無線ＬＡＮ產品普及促進團體「Wi-Fi Alliance」認證的規格。Wi-Fi則是「Wireless Fidelity」的簡稱。

上網的方法

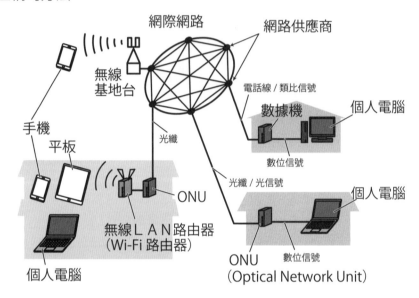

個。

第一種是進入行動通訊公司的無線基地台，連上網際網路。手機用這個方法連上網路後，畫面上方會出現「3G」（第三代行動通訊技術）「4G」（第四代行動通訊技術）「LTE」（長期演進技術）的標示。3G和LTE的標示是行動通訊的規格。以4G或LTE的規格連接的話，能用3G規格的5倍或10倍的速度通訊。

另一個方法是經由前面提到的無線LAN，連接網路供應商。使用無線LAN的話，由於不會用到行動通訊公司的通信線路，所以不會產生封包通信費用。而且還能用4G或LTE規格4倍以上（無線LAN後面的線路十分快速）的通信速度傳遞資料。

51 觸控板如何測知手指的動作？

智慧型手機或平板電腦是靠著觸碰螢幕來操作，這些裝置的螢幕所使用的是觸控板。那麼觸控板是以什麼樣的機制來測得手指的動作呢？

觸控板是「透明金屬」

在液晶螢幕加裝透明鑲板，就可以測知手指的位置，手指的動作還可以直接操作電腦，這道透明鑲板就是「觸控板」。

觸控板裡使用了許多透明的電極，既然是電極，當然有電流通過。但是，通電的金屬通常不透「光」※1。光如果不能通過，就無法完成顯示的功能。

於是，人們想出了「透明金屬」。雖然它是金屬，卻不是單純的金屬，而是使用了金屬氧化的化合物。

人們最常使用的透明金屬，是用氧化銦與少量的錫混合成ＩＴＯ（氧化銦錫）※2。ＩＴＯ呈塊狀時是白色的，但是延展成薄片凝固後，就會變得無色透明。把它用在電極上就能製成觸控板，具有導電性。

另外，銦是稀有金屬，價格高昂，所以，最近也可看到用氧化鋅或導電性塑膠來製作觸控板。

※1：把金或鋁延展成幾十奈米的薄度，某種程度可以讓可見光穿透。但是，金屬薄膜製作的電極，光的穿透率並不理想。
※2：ＩＴＯ（氧化銦錫，Indium Tin Oxide）的可見光穿透率約９０％以上，所以多用於液晶面板、有機ＥＬ等的平板顯示器相關的電極。

觸控板的結構

接下來，我們就來看看觸控板的結構吧。

早期最常使用的是電阻式的方法（就是碰觸點會因接觸而有等效電阻因而被感測到）。它的構造是在塑膠膜貼上透明金屬，做成上下兩片，中間以短柱狀塑膠球「間隔球」（Dot Spacer）分開。上面的膜用手指或塑膠棒等撫摸，膜會凹下接觸到下面的電極，形成通路讓電荷便會流通。這樣就能檢測到手指的位置（圖1）。

電阻式觸控板構造單純，可以低價生產。而且它的原裡是在接觸下讓膜變形並與下電極形成通路，所以手指以外的物體也能操作，戴著手套也沒問題。

相反的，它耐用性低，螢幕太大的話，檢測精確度也會下降。同時，螢幕的穿透率也會少許變差，這些都是它的缺點。

另一種是最近手機或平板電腦較多採用的方法，叫做電

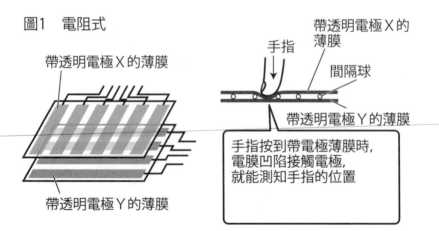

圖1　電阻式

帶透明電極X的薄膜

帶透明電極Y的薄膜

帶透明電極X的薄膜

手指

間隔球

帶透明電極Y的薄膜

手指按到帶電極薄膜時，電膜凹陷接觸電極，就能測知手指的位置

容式（手指與靠近的電極之間有交互作用力而被感測出等效電容的變化）。

這個方法是當手指靠近螢幕排列的電極時，因手指帶電荷等因素導致電極電容量的變化，而推算出手指的位置（圖2）。用這個方法，螢幕的穿透率好，可以呈現出美麗的觸控螢幕。

此外，由於由於面板不變形，因而有耐久性、耐磨耗性等特色。

它也能做到「多點觸控」，也就是測知多個手指的位置。多點觸控的優點實現了用兩隻手指或三隻手指滑動、翻頁的操作。

圖2　電容式

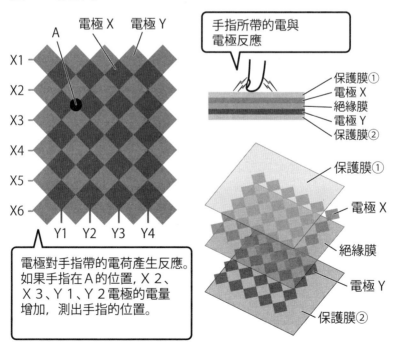

電極對手指帶的電荷產生反應。如果手指在Ａ的位置，Ｘ2、Ｘ3、Ｙ1、Ｙ2電極的電量增加，測出手指的位置。

52 如果在行駛中的捷運裡跳躍會怎麼樣？

你有在行駛中的捷運裡跳躍的經驗嗎？跳起時電車還在進行，然而還是能在原點落地，為什麼呢？

物體的慣性

我們以為在行駛中的捷運裡跳起的話，只有電車往前進，跳躍的人會被留在後面。但是事實上，人會在同一地點落地。

這與物體具備慣性的特質有很大的關係。慣性，是動態的物體會繼續維持動態，靜止的物體會繼續靜止的特性。※1

而在捷運中跳起的人，是往正上方躍起吧。下一頁的圖，是從捷運外看到（電車裡）人的動作。

雖然是往正上方跳躍，但是實際上因為慣性的作用，跳起那一刻仍然會與捷運相同的速度，繼續往前進方向移動。不管是停留在空中的時間還是跳起時，仍會維持速度。總之，躍起和浮在空中時，都與捷運行駛相同的速度，朝同一方向行進。因此，跳起的人最後還是會在同一點落下。

跨越５０公尺的跳躍！

舉例來說，假設你在新幹線上跳起50公分高。躍起再落地的時間，約為0.6秒。

如果新幹線的速度為時速

※1：物體因具有慣性，任何外力都不起作用，就算有施加外力，但外力的和等於0的話，就會繼續靜止狀態，或是以一定的速度繼續運動。這叫做慣性法則。（牛頓第一運動定律）。

300公里的話，1秒鐘能行進約83公尺。因而你在跳起的0.6秒內，約向行進方向移動了50公尺。即使你只是往上跳起，卻移動了約50公尺。

但是，實際上，這段時間新幹線也行進了同樣的距離。所以你跳起時會在新幹線車廂中的同一點落地。

如果跳起時突然煞車的話

那麼，如果跳起的剎那，新幹線緊急剎車的話會怎麼樣呢？由於只有跳起的人沒有踩煞車，所以依然以時速300公里的速度前進。

同一時間，新幹線踩了煞車開始減速，因此，人與新幹線的速度出現差距，所以人會前進該差距的距離才落地，總之，跳起來之後，你是往前進方向被丟出去的狀態。

經常在捷運剎車的時候，我們經常會向前撲倒。反之，靜止的車子突然駛出，我們也會像是被留在原地，都是一樣的道理。

以時速1400公里運動？！

地球在自轉，包含東京在內，地球同一緯度的圓周約為3萬3000公里。那是在地球自

轉下，東京往東轉動一天，回到原地的距離。除以24小時的話，就能知道時速。東京往東行進的時速是1400公里。

如果在東京地面上往上跳起，跳躍的人也是以時速1400公里在移動。當然，根據慣性法則，還是會在相同的地點落地。即使如此，一想到自己以1400公里在移動，還是令人吃驚。

53 新幹線車頭為什麼像鴨嘴一樣突出？

新幹線的車頭造形可以說是它的臉面，非常有特色。其中７００系的鴨嘴造形，蘊藏著新幹線開拓新時代的驚人創意與技術。

新幹線造形歷史悠久

　　從1964年東海道新幹線通車，到最新的北陸新幹線，出現過形形色色的車廂。其中，車頭的造形也有大幅的變化。

　　舉例來說，2系的車頭像湯圓鼻，100系給人犀利的印象，300系被稱為鐵甲面具，500系像翠鳥的嘴，而700系卻像是鴨嘴。

　　新幹線走向超高速化之路，現在東京和大阪之間，只要兩個半鐘頭就能到達。

　　為了應付這樣的超高速化，車頭的造型也從第一代0系的湯圓鼻，漸漸修改成流線型。但是，隧道出口的噪音問題、車廂空間的問題等，流線造型也走到了極限。

日本新幹線的問題

　　日本約有70%的國土是山岳地帶，隧道數量之多成為一大特色。

　　時速可達300公里的新幹線，一衝入隧道時，會壓縮隧道內的空氣，到了出口時產生「咚」的巨大聲響和衝擊波。這種噪音問題叫做「隧道咚（隧道微壓波噪音）」※1。

　　而造型像翠鳥嘴的500系解決了這個問題。長條形狀為流

※1：列車擠壓空氣產生的壓力波隨著隧道口空間擴大而稀薄化為微壓波，同時發出爆破聲。

歷代車頭造形

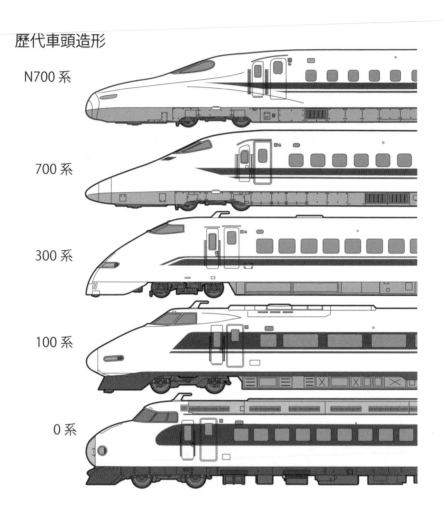

N700 系

700 系

300 系

100 系

0 系

線型的極致，據說他們是從翠鳥在水面潛入捕食的動作得到靈感。

但是，相對的它也有些問題，像是車廂客房的天花板太低，形成壓迫感，有些車廂沒有上下車門等。

進而，隧道內紊亂的氣流會引發車體後方車體不穩振動，也是自300系以後一直懸而

未決的問題。

鴨嘴是救世主？

微壓波導致的「隧道咚」（隧道口噪音）、狹窄的座位空間、車廂後方因氣流紊亂而振動等，新幹線長期以來的一連串問題，700系的車鼻造型都解決了。伸得長長的車鼻看起來就像鴨嘴，看起來有些可愛。

它的正式名稱叫做「氣動流線」（AeroStream），氣動流線的形狀比500系短，與500系同樣採用楔形構造（從車鼻到後方剖面積按一定比例增加）。

700系讓氣流朝上、右、左方逃散，於是列車引起的氣流變成沿著有規則的行進路線逸

７００系採用的氣動流線

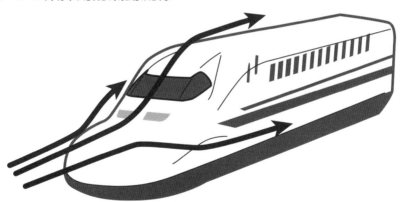

鴨嘴般的車鼻造型讓氣流從三方向逃散，
不但維持超高速，解決隧道咚問題，
也保有充分的座位空間。

※2：西日本的「鐵路之星」也採用氣動流線。

散，解決了微壓波導致的「隧道咚」以及車廂後方振動的問題。繼而，由於不是極端的流線型，所以也能保有充分的座位空間※2。

氣動流線將車鼻縮短的前提，是將最高速度控制在時速285公里之下。

因此，後續亮相的N700系將速度再往上提升。N700系的車鼻部分比700系長1.5公尺，外形如同張開雙翼的鳥，它叫做「氣動雙翼」※3。

在性能上的提升上，包括提高前端側的斷面積增加比例，同時減少後方的增加比例，藉此再減輕微壓波。而且，車廂中也增加堆放行李的空間，縮短駕駛座到車鼻的距離，視野變得更寬闊。

其他像是利用混合動力車

的「再生制動」架構（這是一個能量回收的節能過程。），在煞車時發電的節能技術，以及採用「車體傾斜系統」，使用空氣彈簧讓車體在轉彎時傾斜一度，仍能以最高速度行駛等等不遺餘力的革新技術。

日本新幹線雖然時時以解決噪音問題為最大考量，但也不忘打造舒適的車內空間，走向只要180秒就能達到時速270公里的新時代。

採用完美新技術的列車登場亮相的同時，反映時代的列車在火車迷的惋惜中功成身退。儘管國土狹長，還能不斷建設新鐵道，鐵道、新幹線的進展都有了令人眼花撩亂的變化。

※3：氣動雙翼雙雙獲得通產省的「好設計獎」與鐵道友之會「藍緞帶獎」。

54 飛機為什麼能飛上天空？

有人說過「那麼重的巨物怎麼可能飛起來？」重量達１００噸的客機飛上天空的原理是什麼呢？

飛行中飛機被施加的力量

請先想像一台飛機正以一定速度朝水平直線飛行。

在鉛直方向※1，向這台飛機作用地球重力與向機翼等機體作用的升力至少要相等，飛機才不會掉下來。因為如果只有往地球中心方向，也就是往下拉的重力在，飛機就會掉下來。正因為有與重力打平的升

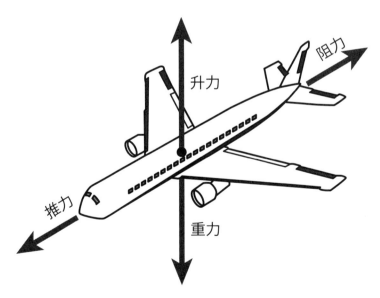

※1：用線綁住鉛塊垂吊，鉛塊就會朝向地球中心的方向。這種「上下方向」「垂直水平面方向」就叫「鉛直方向」。

人往前進　　　　　　　　　　　把水往後推

力，飛機才飛得起來。

此外，在水平方向，靠飛機引擎前進的力量（推力）與機體在空氣中受到的水平方向阻力打平。

也就是說在水平方向上，向前的推力與向後的空氣阻力打平，就是兩個力量加起來等於零。因此，飛機能以一定的速度直線前進（進行等速直線運動）。

其實，客機引擎的最大推力只有機體重量的4分之1左右，就算是像火箭般直直朝上升空也飛不起來。那麼飛機是從哪裡得到往上飛的升力呢？

飛機是靠著像鳥類的翅膀般的機翼設計而從空氣中獲得「升力（浮力）」。

舉個淺顯易懂的例子，想想我們游泳的狀況。想往前推進時，我們會用手划水，把水往後推。往後推的水量越多，就前進得越快，這是物理學裡所說的作用力與反作用力的原理。

同理可以說明飛機的主翼的功能是幫助飛機產生上升力。流過機翼的空氣，會改變流動方向朝下。基於作用力和反作用力的原理，空氣被機翼往下壓，而機翼則相反的被往

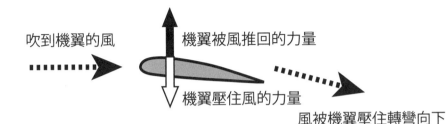

吹到機翼的風

機翼被風推回的力量

機翼壓住風的力量

風被機翼壓住轉彎向下

上推。這股往上的力量，就是對機翼施加的升力。

空氣那麼輕，卻有那麼大的力量足以支撐飛機，也許大家會覺得不可置信吧。

這是因為飛機由於速度快，穿過的空氣量非常多，藉著適當機翼設計而讓穿過的空氣產生向上的抬升力也相對非常大，因而能產生支撐100多噸飛機的升力。

不過，如果只是筆直飛行，飛機並不能到達目的地。飛機又是如何改變方向的呢？

萊特兄弟達成轉彎飛行，為飛行實用化打開了開端

萊特兄弟是世界上載人飛機首次成功飛行的人，那是在1903年12月17日※2，第一次飛行只有12秒，直線飛行了36公尺。

如果能讓飛機轉彎，回到起飛地點，完成環繞飛行的話，就算是完成了實用性的飛行技術。

萊特兄弟發現，若要讓飛機轉彎，必須傾斜機翼，好讓飛機原先只受到的空氣直直向

※2：為了紀念這一天，所以１２月１７日定為「飛機節」。

上的力量方向有些微改變，而產生向側方的力量，提供轉彎所需的向心力。他們發明了利用扭曲機翼達到轉彎的方法，並且申請了專利。

他們在1905年10月5日完成了前所未有的39分鐘環繞飛行，在同一個地點繞圈30次。總飛行距離寫下39公里的紀錄。

這次環繞飛行後，開發競爭更加激烈，人們一方面為了避開萊特兄弟的專利，開發了現在形式的副翼，副翼取代了萊特兄弟翹曲機翼的方式。

萊特兄弟使用了三個舵來操縱飛機，雖然舵的形式不一樣，但是那三個舵和功能，與現代的客機相同（參照下圖）。

現在飛機也和萊特飛行器一樣，使用了傾斜機翼的副翼、讓機體方向朝左朝右的方向舵、讓機首朝上朝下的昇降舵。

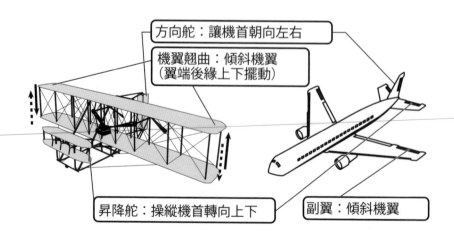

方向舵：讓機首朝向左右

機翼翹曲：傾斜機翼（翼端後緣上下擺動）

昇降舵：操縱機首轉向上下

副翼：傾斜機翼

55 節能車的「節能」是怎麼樣的架構？

> 對環境友善、燃油效率低的節能車已在市面上販售，混合動力車、插電式混合動力車、電動車、燃料電池車等，種類各式各樣。它們之間有什麼差別呢？

混合動力車（HV）

「hybrid」在日文中有「組合的意思」。混合動力車會配合行駛狀況，讓引擎和電動馬達分進合擊，以提高燃油效率。

電動馬達是靠電力作用運轉，所以在加速時可以減少汽油的消耗。然而在高速公路等可以一定速度行駛的道路，大型電池與馬達的重量卻成為負擔，有讓燃油效率變差的傾向。

即使如此，使用電力依然有優點，因為在重複等紅燈的停止與起步（stop & go）時，它採用了再生制動發電的技術※1。再生制動，是駕駛放開油門後，馬達利用輪胎旋轉的動力發電的構造。這與自行車前輪安裝的車燈是一樣的道理※2。

「再生」有「復活」的意思，運用在車上就是利用一再的停止與起步，讓運轉馬達的電力復活。與歐美相比，日本的紅綠燈號誌多，很難避免多次的停止與起步，因此再生制動的開發極其重要。再者，由於混合動力車積極的使用再生制動，所以特色之一就是煞車片的耗損極度緩慢。

※1：在車子運轉時帶動機械轉輪，使機械動能轉化為電能並加以儲存或利用。
※2：是指靠輪胎轉動發光，而非電池式的類型。

豐田普銳斯（Prius）上市之後，歐美各國也注意到再生制動的有效性，因此混合動力車的開發競爭也更加激烈。

國外現已開發了多種款式的混合動力車，例如保時捷和法拉利等高級跑車，也開發了混合動力模式。如利曼那種24小時的耐力賽，現在這個時代，只有混合動力車才能獲勝了※3。

插電式混合動力車（PHEV）

插電式混合動力車可以用家庭插座直接充電，靠電力行駛，當然也能用汽油運行。

插電式混合動力車最大的特點，就是在屋外也能與家中一樣用電。例如三菱的「OUTLANDER PHEV」充飽電的

話，可以提供一般家電一天分需要的電力。電量用完的話，發動引擎就可以發電，所以油箱加滿的話，可以成為十天分份緊急用電的電源。因此不僅是戶外休閒，當有災難發生、生活供需出問題時，它可望也能發揮功能。

電動車（EV）

電動車只靠電力就能行走，完全不需要仰賴汽油。但是由於搭載高價的鎳或鋰電池，所以車體價格依然居高不下。充滿電一次可以行走的距離約為200公里※4，距離不長，必須特別小心。

最好確認高速公路的加油站等設置有EV專用充電器（CHAdeMO，日系充電系統）再出發。

※3：豐田的「普銳斯」也是賽車場上十分活躍的競賽車。
※4：特斯拉已可到３７７公里。

燃料電池車（ＦＣＶ）

燃料電池車搭載的是燃料電池，它靠氫氧的化學反應來製造電力。所以燃料電池比較像是發電裝置，而不是電池。

它需要的燃料只有氫，氧氣可利用空氣中的氧。氫由氫供應站補給，由於它靠氫和氧的化學反應發電，行走時排出的只有水，所以是對環境非常友善的車。

但是，氫燃料如何安全製造、搬運的技術、路邊氫供應站的建置等基礎建設的問題等，都還有待解決※5。

※5：只要靜電在乾燥和空氣中充滿一定程度電荷量的環境下程度的能量就能讓少量的氫起火。但是，它比空氣輕，很快擴散，所以如果逃逸到空氣中而分散，引發爆炸的危險性較低。此外，氫本身對人體無害。

汽車的款式好多哦，有的靠汽油發動，有的用電發動呢。

FUTSU

一般汽車

＜主動力＞	＜能量源＞
引擎	汽油

HV

混合動力車

＜主動力＞	＜能量源＞
引擎	汽油

具有汽油引擎和電動馬達兩個動力源，配合行駛狀況並用。

PHEV

插電式混合動力車

＜主動力＞	＜能量源＞
馬達. 引擎	電. 汽油

以高效率方式使用馬達與引擎，單獨使用不足時，會在輔助下兩者一起產生動力。

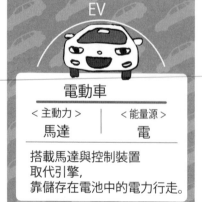

EV

電動車

＜主動力＞	＜能量源＞
馬達	電

搭載馬達與控制裝置取代引擎，靠儲存在電池中的電力行走。

FCV

燃料電池車

＜主動力＞	＜能量源＞
馬達	氫. 氧氣

靠氫與氧的化學反應產生電能，用以驅動馬達行進。

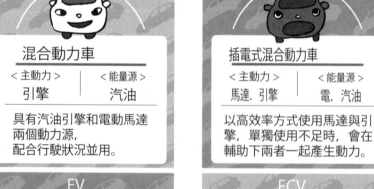

國家圖書館出版品預行編目資料

3小時搞懂日常生活中的科學!【圖解版】/ 左卷健男編著;陳嫻若譯. --
初版. -- 臺中市:好讀出版有限公司, 2022.05
　面；　公分. --（一本就懂;24）

ISBN 978-986-178-584-4（平裝）

1.CST: 科學 2.CST: 通俗作品

307.9　　　　　　　　　　　　　　　110022835

好讀出版
一本就懂 24

3小時搞懂日常生活中的科學!【圖解版】

編　　著／左卷健男
翻　　譯／陳嫻若
審　　訂／徐桂珠
總 編 輯／鄧茵茵
文字編輯／莊銘桓
行銷企畫／劉恩綺
發 行 所／好讀出版有限公司
　　　　　台中市407西屯區工業30路1號
　　　　　台中市407西屯區大有街13號（編輯部）
TEL:04-23157795 FAX:04-23144188 http://howdo.morningstar.com.tw
　（如對本書編輯或內容有意見，請來電或上網告訴我們）
法律顧問　陳思成律師

讀者服務專線／TEL：02-23672044 / 04-23595819#230
讀者傳真專線／FAX：02-23635741 / 04-23595493
讀者專用信箱／E-mail：service@morningstar.com.tw
網路書店／http://www.morningstar.com.tw
郵政劃撥／15060393（知己圖書股份有限公司）
印刷／上好印刷股份有限公司
如有破損或裝訂錯誤，請寄回知己圖書更換

初版／2022年5月15日
定價：350元
如有破損或裝訂錯誤，請寄回知己圖書更換

線上讀者回函
獲得好讀資訊